天外来客——陨石
（第二版）

徐伟彪 等 著

藏品题名：万物生
天工奖获奖作品
陨石类型：普通球粒陨石
发现地：西北非撒哈拉沙漠
规格：31厘米×16厘米×10厘米
收藏人：合肥市 束印
收藏地：合肥小行星陨石珠宝有限公司

科学出版社

北 京

内 容 简 介

陨石是地外天体的碎片陨落到地球的岩石样品，是人类认识太阳系起源和演化历史的珍稀实物标本。近年来,时常有重大的陨石坠落事件发生,特别是 2018 年云南西双版纳曼桂陨石坠落事件,在国内陨石界产生了巨大的影响,引发越来越多的民众关注、喜爱和收藏陨石。本书详细介绍了陨石的种类、重要特征和基础入门知识,汇集了各类陨石的科学鉴定标准,阐述了陨石的简单判断方法和科学鉴定步骤。本书包含了大量精美的陨石图片,并点评了国内外著名陨石,介绍了如何通过外部特征来识别真假陨石、哪里可以找到陨石和怎样寻找陨石。最后本书引入陨石的收藏知识、陨石文创产品的开发利用。本书还展示了国内陨石藏家的精美藏品,供广大爱好者欣赏。

本书可作为陨石爱好者和天文爱好者的科普读物,也可作为大专院校行星科学及相关专业本科生和研究生的参考书,也是陨石收藏者和鉴定工作者的工具指南。

图书在版编目（CIP）数据

天外来客：陨石/徐伟彪等著. —2 版. —北京：科学出版社，2021.6
ISBN 978-7-03-069031-9

Ⅰ. ①天… Ⅱ. ①徐… Ⅲ. ①陨石-普及读物 Ⅳ. ①P185.83-49

中国版本图书馆 CIP 数据核字（2021）第 105086 号

责任编辑：王腾飞/责任校对：杨聪敏
责任印制：赵 博/封面设计：许 瑞 王子瑶
封面/封底摄影：浦 轩/周 力

科 学 出 版 社 出版
北京东黄城根北街 16 号
邮政编码：100717
http://www.sciencep.com
北京九天鸿程印刷有限责任公司 印刷
科学出版社发行 各地新华书店经销
*
2021 年 6 月第 一 版 开本：720×1000 1/16
2024 年 1 月第三次印刷 印张：11 1/4
字数：226 000
定价：118.00 元
（如有印装质量问题，我社负责调换）

以此书献于中国陨石界先驱王思潮研究员

（1939～2016 年）

再 版 序 言

　　陨石原为"阳春白雪"，深居科研院所，普通百姓难见其真容。进入 21 世纪，中华大地悄然兴起了陨石收藏热，爱好者自喻为"追星一族"，互称"星友"。2015年，应广大"星友"的呼吁，笔者集多年陨石研究工作的经验，在几位资深爱好者的鼎力相助下，完成了科普读物《天外来客——陨石》的初稿。此书的出版过程中，出版社编辑倾注了大量的辛勤汗水，多次与笔者沟通，提出了许多建设性建议，书稿得以进一步完善，并在短时间内出版发行，与读者见面。一经上市，即刻受到"星友"的追捧，几周内销售一空。

　　此书出版后的第二年，国内陨石界捷报频传。先是国际陨石学会正式宣布新疆阿勒泰陨石雨为史上规模最大陨石雨；接着青海班玛县喜获一枚质量为 10 千克的目击陨石；同年 9 月，在陕西延安的黄土坡上回收到了目击无球粒陨石——马子川陨石，填补了国内空白。2016 年底，几位石油勘探工人在新疆鄯善的戈壁滩上偶遇一片陨石散落带，采集到了几千块火焰山铁陨石碎片，总质量超过了 700千克。几乎同时，离火焰山铁陨石发现地南方 200 多千米处的若羌县罗布泊附近，几位陨石猎人又发现了一片陨石富集区，找到了 100 多千克鱼尾梁陨石碎片。

　　沙漠猎陨还在继续，微信朋友圈里时常看到"星友"报喜，国际陨石数据库的中国陨石数量也在快速增长；另外，大自然也频频眷顾中华大地。2015 年后，国内多地惊现火流星事件，特别是 2017 年、2018 年和 2019 年，火流星三次光临中国，经中央电视台等媒体宣传，产生了巨大的社会响应，引无数爱好者蜂拥而至，上演了一幕幕寻宝热剧；有幸运者，喜悦之心难以言表；但更多的是失落和漫漫追星路上的艰辛。

　　民间陨石收藏热引起了国内有识人士的高度关注。吉林市陨石博物馆自 2016年起多次举办陨石科普展览，宣传普及陨石科学知识，为全国各地"星友"搭建交流平台；其他博物馆、高校和科研院所也积极跟进。近年来，北京天文馆、上海科技馆、山西地质博物馆、青海德令哈天文科普馆、浙江自然博物馆、南京图书馆、中国科学院地球化学研究所、中国科学院地质与地球物理研究所、中国科学院上海天文台佘山科普教育基地、中国科学院紫金山天文台青岛观象台、昆山杜克大学、中国地质大学（武汉）、北京大学等单位，在全国各地陆续开展了多场陨石科普展和宣传活动。2019 年 4 月，中国科技馆联合中影集团，借助春节档电影《流浪地球》热映的风潮，邀请电影剧组创作团队和民间陨石收藏家，举办了"希望的力量"科幻电影主题展览，大力宣传陨石和太空探索科学知识。展览为期三个月，吸引了 60 多万观众。2019 年 9 月，天津自然博物馆主办了一场陨石精品特展，原本计划为一个月的临展，应观众的要求，一再延期到了 2020 年 5 月，即使受新冠肺炎疫情影响，观展总人数仍超过了百万。江苏现代快报联合中国科学院紫金山天文台和上海五云坊陨石工作室，长期在学校、商场、博物馆、图书馆、科学馆和科技馆，组织陨石科普宣传活动。

与此同时，民间的陨石科普力量也不容小觑。中国科学院紫金山天文台科普园区内的"紫金陨石博物馆"全年无休，"默默耕耘"；河南云台山世界地质公园中的陨石科普馆常年为游客宣传陨石知识；浙江东方地质博物馆 2019 年组织了一次陨石特展，吸引了上百万"粉丝"在线围观；民间陨石收藏者如雨后春笋，在全国各地开设了诸多各具特色的小型陨石展览馆，乌鲁木齐天心星陨石科普馆、贵州陨石文化科普馆、云南文山星客隆陨石科普馆、西安天星缘陨石馆、河北邢台甘陵博物馆等应运而生。全国范围内形成了多层次、全方位的陨石"科普网"。

更可喜的是，正在建设中的全球建筑面积最大的天文馆——上海天文馆，定于 2021 年内开馆，馆内专设陨石展览区，届时全国"星友"将有幸目睹世界顶级陨石精品。2019 年，南京市政府也宣布，将筹资 10 余亿元，利用当地得天独厚的天文科研和科普资源，建设大型天文馆，总建筑面积将达到 4.5 万平方米，规模仅次于上海天文馆，并计划在馆内设立陨石展览区。这些利好的消息给全国陨石爱好者带来了福音，也必将吸引更多的"星友"加入到追星一族，民众对陨石知识的需求与日俱增，更新再版《天外来客——陨石》显得越来越迫切。

自 2015 年《天外来客——陨石》首版出版，笔者收到诸多来自不同领域、不同层次的读者反馈意见，在此深表感谢。部分读者反映此书专业性过强，有些科学问题不容易理解，难看懂，希望能多增加些通俗易懂的图文介绍；也有资深藏家觉得书中内容过于简单，阅后自身的知识水平没能得到明显提升。本次再版参考读者的反馈意见，做了大幅度调整和增删。为满足不同层次读者的需求，特别邀请了刘雨桥、陈鹏力、梅华三位资深"星友"一起参与本书的创作，从爱好者的角度畅谈陨石鉴别、沙漠猎陨和陨石收藏的经验和心得体会。此外，文前王思潮研究员的肖像和书中大部分插页的星空背景照片由南京天文爱好者协会秘书长许军提供。本书三大定位：陨石知识入门书，陨石鉴定工具书，陨石收藏指南书。

本书的撰写工作得到了中国科学院 B 类战略性先导科技专项（XDB41000000）、国家自然科学基金项目（41973069、41773059）、国家国防科技工业局预研专项（D020302、D020202）、澳门科学技术发展基金、中国科学院比较行星学卓越创新中心和紫金山天文台小行星基金会的联合资助，在此一并感谢。

谨将此书献给中国陨石界先驱王思潮研究员，感谢他 33 年前引领笔者步入陨石科研殿堂，以及常年以来对笔者在陨石收集、学业和科研工作上的帮助、支持和鼓励。本书临近完稿之际，惊闻国际陨石大家、加州大学洛杉矶分校 John T.

Wasson 教授突然仙逝，深感惋惜，谨此悼念。Wasson 教授生前曾多次帮助中国"星友"完成铁陨石化学分类工作，包括阿勒泰铁陨石、新疆尉犁铁陨石、云南元阳铁陨石、贵州龙田铁陨石、西藏那曲铁陨石等，尚有几块"星友"新发现的铁陨石正在分析中，受新冠病毒疫情影响未能及时完成，终将成为遗憾。Wasson 教授的逝世对中国陨石界是不可估量的损失，今后"星友"的铁陨石分类就再也没有那么方便了。

陨石从纯粹的科研样品渐变为收藏界的新宠，也就是最近几年的事情。国内陨石藏家的圈子在逐年扩大，不断有新人涌现，藏品品质也较前几年有了明显的提升。借本书再版之际，不少藏家踊跃提议留出部分版面来展示他们收藏的精品，与广大"星友"分享。爱好者可以从中领略陨石的唯美和惊艳；对于初学者来说，则可以从其外观特征来认识陨石、了解陨石。

徐伟彪

2020 年 9 月于南京

首 版 前 言

"什么是陨石？""我找到一块非常特殊的石头，表面发黑、手感很重，还有磁性，是陨石吗？""我在河边捡到一块石头，和官方网站公布的月球陨石照片很相像，是不是月陨？""我的样品中含有镍，为什么科研部门说它不是陨石？""陨石比黄金还值钱吗？""陨石有没有放射性？"，这些都是笔者在工作中时常遇到的提问。有些陨石爱好者甚至不远万里，背负沉重的石块，亲自赶赴南京，然而却屡屡失望而归。

陨石很珍稀，据 1985 年英国自然历史博物馆出版的《陨石目录》记载，当时全世界 98 个国家仅发现或目击 2611 块陨石。到 2000 年，全世界各国家发现或目击的陨石实际上也只有 3165 块（沙漠和南极地区发现的除外），仅比 1985 年的记录多了 554 块，平均每年新增 30 多块。由此可见，陨石样品是非常难得的，可遇而不可求。近年来，陨石数量在快速增加，主要得益于沙漠和南极地区的猎陨活动。沙漠地区由于气候干燥且无植被，陨石易于被保存和发现，但是在沙漠地区寻找陨石需要丰富的野外生存经验和充足的物质装备，初学者慎入。南极地区由于有冰川活动，陨石常富集在特定区域，各国科考队每年都能收集到大量的南极陨石，主要用于科研和科普工作。

陨石具有很多特征，与地球岩石有差别，通过学习和观测可以掌握初步判断陨石的技能。一般来说，陨石大多有磁性，密度比地球岩石要大些，有些陨石表面还残留熔壳和气印。近年来，国内陨石爱好者在新疆和青海戈壁沙漠地区发现了多块疑似陨石，经过检测确认其中大多数是球粒陨石和铁陨石，有些还获得了国际永久命名。本书特邀中国陨石网（www.qqyunshi.com）发起人、罗布泊陨石发现者赵志强先生撰写了一篇沙漠猎陨的文章，详细介绍野外猎陨的经验和收获。

对于资深的陨石收藏者和陨石猎人来说，通过肉眼观察可以大致识别球粒陨石。无球粒陨石与地球岩石外观上很相似，很难辨别。要最终确认陨石，并判定其类型，即便是球粒陨石，也必须通过仪器检测才能完成。陨石的仪器检测是一门专业性很强的学问，不仅要有专业对口的仪器设备，更关键的是检测人员必须具备扎实的陨石背景知识，再加上精湛的样品制备工序，三者缺一不可。目前国内从事陨石研究的科研部门主要集中在中国科学院的天文台和地质研究单位，他们长期开展国际陨石前沿领域的科学研究，参与了中国南极陨石的分类和鉴定工作，设备齐全，经验丰富，是最权威的陨石鉴定机构。

因为珍稀，陨石近年来已成为国内外收藏界的新宠，越来越多的藏友开始关注陨石。为此，本书特意收录了一篇由国内陨石收藏爱好者撰写的有关陨石收藏知识的文章，供大家参考。在此，感谢作者曹宇先生给予的作品转发授权。

　　陨石来自地球以外的天体，是人类认识太阳系最直接的标本，它们的科研价值尤为珍贵，希望广大陨石爱好者在实践中发现更多珍稀的陨石样品，为我国的科学研究工作提供宝贵的科学素材。

　　希望本书的发行能让广大陨石爱好者正确识别陨石，了解陨石的重要特征和主要类别，熟悉科学的陨石鉴定标准和方法步骤，少走弯路，避免误入歧途。本书的撰写工作得到了中国科学院 2015 年科普项目基金和紫金山天文台小行星基金会的资助，在此谨表感谢。

徐伟彪

2015 年 8 月于南京

目　录

再版序言
首版前言
第1章　陨石简介 ··· 3
第2章　陨石的入门知识 ··· 15
　2.1　陨石的类型 ··· 15
　2.2　陨石的矿物学特征 ··· 19
　　　2.2.1　橄榄石 ··· 21
　　　2.2.2　辉石 ··· 22
　　　2.2.3　长石 ··· 24
　　　2.2.4　铁纹石 ··· 25
　　　2.2.5　镍纹石 ··· 26
　2.3　陨石的岩石学特征 ··· 27
第3章　陨石的鉴定标准 ··· 33
　3.1　球粒陨石 ··· 33
　3.2　无球粒陨石 ··· 48
　3.3　石铁陨石 ··· 58
　3.4　铁陨石 ··· 59
第4章　陨石的鉴定方法 ··· 67
　4.1　简单实用的陨石鉴定方法 ···································· 84
　4.2　陨石的科学鉴定方法 ·· 86
　4.3　陨石鉴定工作中常见的误区 ································ 91
　4.4　关于陨石鉴定的那些事 ······································· 94
第5章　常见貌似陨石的地球岩石 ································· 99
第6章　中国陨石谱 ··· 107
　6.1　中国境内的目击球粒陨石 ···································· 107
　6.2　中国境内发现的石铁陨石 ···································· 111
　6.3　中国境内发现的铁陨石 ······································· 112
　6.4　新疆地区发现的其他陨石 ···································· 113
　6.5　中国南极科学考察队发现的火星陨石 ·················· 115
第7章　国外陨石精品选 ··· 119

7.1 墨西哥 Allende 碳质球粒陨石 ·· 120

7.2 俄罗斯车里雅宾斯克普通球粒陨石 ······································· 121

7.3 阿根廷 Campo del Cielo 铁陨石 ·· 122

7.4 纳米比亚 Gibeon 铁陨石 ·· 123

7.5 摩洛哥 Tissint 火星陨石 ··· 124

第 8 章 沙漠猎陨 ··· 127

8.1 沙漠猎陨须知 ·· 127

8.2 罗布泊猎陨 ··· 129

第 9 章 陨石的市场价格 ·· 139

9.1 影响陨石价格的各种因素 ·· 139

9.2 不合理的加价理由 ··· 148

9.3 结语 ··· 150

第 10 章 陨石收藏经验谈——当"天外贵客"遇上传统赏石文化 ············ 153

10.1 陨石品种收藏 ··· 153

10.2 陨石饰品 ·· 154

10.3 陨石艺术品 ·· 156

10.4 陨石赏石 ·· 158

后记 ··· 165

藏品题名：神鹰
国际命名：阿拉塔格山 043
陨石类型：IVB 型富镍铁陨石，
规格：38 厘米 ×18 厘米 ×31 厘米
质量：7.68 千克
收藏人：乌鲁木齐市 文新萍

陨石神鹰 2012 年发现于新疆罗布泊北岸台地（龙城）古代遗址周边，大小为 38 厘米 ×18 厘米 ×31 厘米，质量达 7.68 千克，是继新疆阜康橄榄陨石之后，在新疆发现的又一颗引人注目的陨石。具有极高的艺术价值和观赏价值。

藏品题名：火焰精灵
国际命名：火焰山
陨石类型：IAB-sLH 铁陨石
发现地：新疆鄯善
规格：4.5 厘米 ×22 厘米 ×13.5 厘米
质量：2938.5 克
收藏人：杭州市 马荣尉

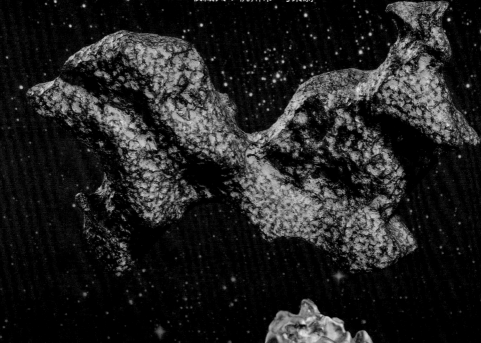

藏品题名：绿波春色
陨石类型：橄榄石铁陨石
发现地：新疆罗布泊
规格：11.5 厘米 ×7 厘米 ×13.5 厘米
质量：1127.9 克
收藏人：杭州市 马荣尉

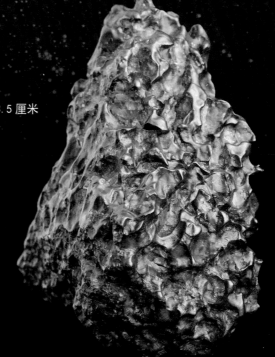

第1章 陨石简介

在晴朗的夜晚，天空中偶尔划过一道光迹，瞬间就消逝在茫茫的夜色中，它给寂寞星空带来了一丝生气，这就是我们熟知的流星现象。它是流星体冲入地球大气层，与大气摩擦产生了光和热，燃烧时形成的一束光。流星体的质量很小，大多是彗星散落在星际空间的尘埃颗粒，进入地球大气层后都被气化殆尽。那么如果流星体个体比较大，进入到地球后是什么呢？这些穿越大气层后燃烧未尽的固体物质降落到地面，就是陨石了。陨石是宇宙"快递"给人类的珍贵礼物，"天外来客"的出现，给我们带来了璀璨与唯美、惶恐与不安，同时也点燃了人类的激情与梦想，更带来了探索未知世界的兴趣和希望！

从科学角度来讲，陨石是地外天体的碎片穿过地球大气层陨落到地面的岩石样品，是人类直接认知太阳系天体珍贵稀有的实物标本。绝大多数的陨石形成于45亿年前，它们记录了太阳系在原始胚胎期发生的大大小小各种事件，是帮助我们还原历史真相和解密太阳系前世今生的重要"考古文物"，是传递地外信息的"重要使者"！大多数陨石来自位于火星和木星之间的小行星带，少数来自月球和火星，有些微小陨石可能是来自彗星的尘埃颗粒（图1.1）。

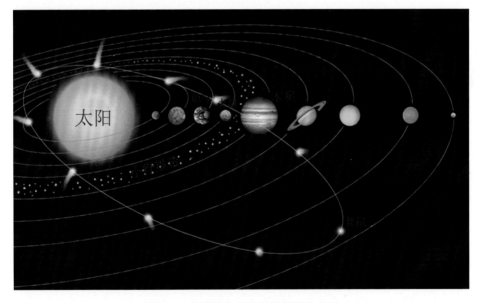

图 1.1 太阳系内行星及矮行星分布图

从里到外：水星、金星、地球、火星、小行星带、木星、土星、天王星、海王星、冥王星据科学家估算，每天都有陨石降落地球，年累积质量有 50 多吨，但是它们中的绝大多数都陨落在海洋、山区、森林、沙漠等人烟稀少的地区，鲜为人知。而每年观察到并收集到的目击陨石平均不到 10 次。因此，目击陨石就显得格外珍贵，是科学研究和收藏界的"宠儿"。200 多年来，全世界收集到的目击陨石只有 1340 次左右，其中包括中国的 68 次。1976 年 3 月 8 日在吉林省吉林市近郊，降落了一场特大陨石雨，共收集到较大陨石 100 多块，总质量超过 2000 千克。近年来，国内较大规模的陨石雨还有 1986 年 4 月的湖北随州陨石雨，1997 年 2 月的山东鄄城陨石雨，2012 年 2 月的青海西宁陨石雨，最近一次是 2018 年 6 月的云南西双版纳曼桂陨石雨。2016 年 9 月 16 日下午 3 时许，在陕西延安马子川，天空突然响起了轰隆隆的"飞机轰鸣"声，接着爆出三声巨响。随后，附近村民在黄土坡上找到 3 块带有新鲜黑色熔壳的陨石（图 1.2），质量分别为 1.3 千克、1.1 千克和 0.9 千克，后经中国科学院紫金山天文台科研人员分析检测，确认为紫苏辉石无球粒陨石，国际命名为"马子川灶神星陨石"，这是中国境内首次收集到的目击无球粒陨石。

图 1.2 带新鲜完整熔壳的延安马子川目击陨石
来源于 4 号小行星灶神星

陨石样品很珍稀，据 1985 年英国自然历史博物馆出版的《陨石目录》记载，全世界 98 个国家当时仅收集到 2611 块陨石（表 1.1）。近年来，陨石数量在逐年增加，主要得益于沙漠地区和南极地区的猎陨活动。在热带沙漠地区，当地游牧民和国际专业猎陨者找到了上万块陨石，其中不乏许多稀有品种。沙漠陨石大多在国际陨石市场流通，一方面为科学研究提供了珍贵的样品，另一方面也为各国陨石收藏爱好者带来了更多的机遇（表 1.2）。另外，各国科学家在南极冰盖地区也发现了大量陨石，其中以中、日、美三国为主，总量达 5 万多块（表 1.3），南极陨石主要用于科学研究和科普教育工作，不会出现在国际陨石流通市场。

表 1.1　1985 年全世界 98 个国家收集到的陨石数目和类型统计数据

陨石类型			发现陨石		目击陨石	
			数目	频率/%	数目	频率/%
石陨石	球粒陨石	普通球粒陨石	785	30	661	25.3
		碳质球粒陨石	32	1.2	35	1.3
		顽辉球粒陨石	11	0.4	13	0.15
		未分类球粒陨石	4	0.15	3	0.11
	无球粒陨石	顽辉无球粒陨石	2	0.08	9	0.34
		橄辉无球粒陨石	13	0.5	4	0.15
		HED 无球粒陨石	42	1.6	52	2
		未分类无球粒陨石	72	2.76	77	2.95
石铁陨石		橄榄陨铁	36	1.38	3	0.11
		中铁陨石	26	1	6	0.23
铁陨石			683	26.2	42	1.6
总计			1706	65	905	35

表 1.2　南极地区以外收集到的陨石数目和类型统计数据（截至 2015 年 7 月）

陨石类型			发现陨石		目击陨石	
			数目	频率/%	数目	频率/%
石陨石	球粒陨石	普通球粒陨石	12 442	71.8	882	5.1
		碳质球粒陨石	751	4.3	44	0.25
		顽辉球粒陨石	161	0.9	17	0.1
		R 型球粒陨石	115	0.7	1	—
		K 型球粒陨石	2	—	1	—
	无球粒陨石	顽辉无球粒陨石	19	0.1	9	0.05
		橄辉无球粒陨石	275	1.5	6	0.04

续表

陨石类型			发现陨石		目击陨石	
			数目	频率/%	数目	频率/%
石陨石	无球粒陨石	HED 无球粒陨石	861	5.0	62	0.36
		钛辉无球粒陨石	19	0.1	1	—
		橄榄古铜无球粒陨石	80	0.46	2	—
		橄榄石无球粒陨石	34	0.2	0	—
		辉石无球粒陨石	17	0.1	1	—
		月球陨石	189	1.1	0	—
		火星陨石	120	0.7	5	0.03
石铁陨石		橄榄陨铁	67	0.39	4	0.02
		中铁陨石	154	0.89	7	0.04
铁陨石			922	5.3	49	0.3
总计			16 228	93.7	1091	6.3

表 1.3　总陨石数目和类型统计数据（截至 2015 年 7 月）

陨石类型			发现陨石		目击陨石	
			数目	频率/%	数目	频率/%
石陨石	球粒陨石	普通球粒陨石	44 342	85.3	882	1.7
		碳质球粒陨石	1842	3.5	44	0.1
		顽辉球粒陨石	554	1.1	17	0.03
		R 型球粒陨石	158	0.3	1	—
		K 型球粒陨石	3	—	1	—
	无球粒陨石	顽辉无球粒陨石	62	0.12	9	0.02
		橄辉无球粒陨石	396	0.76	6	0.01
		HED 无球粒陨石	1565	3.0	62	0.12
		钛辉无球粒陨石	22	0.04	1	—
		橄榄古铜无球粒陨石	133	0.26	2	—
		橄榄石无球粒陨石	38	0.07	0	—
		辉石无球粒陨石	27	0.05	1	—
		月球陨石	223	0.42	0	—
		火星陨石	150	0.29	5	0.01
石铁陨石		橄榄陨铁	99	0.2	4	0.01
		中铁陨石	211	0.4	7	0.01
铁陨石			1073	2.1	49	0.1
总计			50 898	98	1091	2

　　中国是世界上记录陨石坠落事件最早的国家，历史文献中有关陨石的记录超过了 300 次。最早的记录可能出现在《竹书纪年》中："帝禹夏后氏……夏六月，雨金于夏邑"，记录了 4000 多年前发生在今山西省夏县的一场铁陨石雨。历史上，还有一次陨石雨成灾的记录，那就是明代（约公元 15 世纪）发生在陕西庆阳的陨石雨。《明史》《明通鉴》《二申野录》《万历野获编》《国榷》《奇闻类纪摘抄》等多部古书对此都有相关记载。有些古书记为明英宗天顺四年（公元 1460 年）二月，有些则记为明孝宗弘治三年（公元 1490 年）二月或三月。《古今奇闻类纪》引用《寓园杂记》曰："陕西庆阳县陨石如雨，大者四五斤、小者二三斤，击死人以万数，一城之人皆窜他所。"据现有的资料表明，陨石伤人事件十分罕见，如此大规模的死伤事件令人难以置信。但由于年代久远，其真实性已无从考证。而且，现代地质勘探并没有在当地发掘到陨石样品。另一个明代地方志《庆远府志》中有记载"正德丙子夏五月三夜，庆远西北方星陨，有星长五六丈，蜿蜒如龙蛇，闪烁如掣电，须臾而灭"，记录了 500 多年前，发生在广西南丹县的一次火流星事件。1958 年，有村民进山寻找铁矿石，无意中在南丹县里湖瑶族乡一带几十平方千米的范围内找到了大大小小的几十块南丹铁陨石（图 1.3），总质量超过了 10 吨。这是中国历史上唯一既有史料记载，又找到实物样品的陨石陨落事件，其他历史记录中的陨石样品都没能保存下来。

图 1.3　北京天文馆收藏的南丹铁陨石个体

质量为 680 千克

我们的祖先早在 3000 多年前的商、周时期就学会了开发利用陨石。1972 年，河北藁城商代遗址出土了一件公元前 14 世纪前后的铁刃铜钺（图 1.4）。经实验室分析发现，该铁刃铜钺的刃部不是人工冶铸的铁，而是用陨铁锻造成薄刃后，浇铸青铜柄部而成。迄今为止，中国出土了 4 件陨铁刃青铜兵器。除上述外，1977 年北京平谷刘家河商墓中出土的一件陨铁刃铜钺，残长 8.4 厘米，呈长方形，有上下阑，铁刃嵌入钺身内约 1 厘米，已全锈蚀。另两件是 1931 年河南浚县出土的商末周初的铁刃铜钺和铁援铜戈。前者长 17.1 厘米，宽 10.8 厘米，质量 437.5 克；后者长 18.3 厘米，宽 7 厘米，质量 378.5 克，这两件文物现存于美国华盛顿弗利尔美术馆。钺是一种古代的兵器，虽具备杀伤力，但更多的时候被当作礼器使用，是权力、身份和地位的象征，代表了王权的神圣与威严。在西方，权力象征物是权杖，在中国则是钺。可以说铁刃铜钺是中国人最早开发出来的一种"陨石文创产品"。

图 1.4　河北藁城商代遗址出土的铁刃铜钺

图片来自网络

中国也是世界上最早认识陨石的国家。春秋战国时期的史书《左传·僖公·僖公十六年》中有记载："十六年春，陨石于宋、五，陨星也"，这条记录不但描述了 2500 多年前在今河南省商丘地区一次坠落五块陨石的事件,还首次指出了陨石的成因。公元前 90 年,汉代史学家司马迁在《史记·天官书》中记有:"星坠至地则石也",明确说明陨石是来源于太空中的星星。而西方人一直以为陨石是火山喷发的产物或者是闪电雷劈的结果,直到 18 世纪末才认识到陨石来自宇宙空间,这比中国人晚了 2000 多年,可见中国先人们的智慧是何等高超。

　　在古代,陨石常被人们当作上天派来的使者,给人类传递某些重要信息,同时也赐予地球与生灵神秘的力量。一道道耀眼的火球划过历史的天空,一颗颗黝黑的陨石坠入苍茫的大地,给人们带来惊恐与不安的同时,也在给人类传递着重要信息。对这一自然天象,不同的民族宗教信仰不同,受不同的社会文化背景影响,有着不同的理解与领会。有的民族则认为陨石是恶魔与鬼魂的化身,闯入人间会带来危害、恐惧与不安,陨石坠落预示着将有重大变故发生。但更多的民族和宗教信徒们则认为陨石是宇宙神灵的化身,它的降临地球是宇宙之神的旨意,它们来到地球是为了让一些物种获得萌发或重生,是为了解决地球物种与资源危机,给人们带来了希望与光明。种种迹象表明,地球上的生命很可能来自陨石。此外,古人们为了和黑暗与邪恶力量作斗争,赋予了陨石各种神奇色彩,认为陨石聚集着日月之精华、天地之灵气,具有无穷的力量!"女娲补天"和"盘古开天地"的神话传说也许正是远古人类从陨石坠落事件中得到启发而产生的灵感。现代科学发现,在地质历史上曾发生过多次特大的灾难,几乎灭绝了地球上所有的生物。从已有的证据来看,其中一些灾难和毁灭,与陨石撞击地球诱发的气候突变密切相关。可以想象各个时期的古代人们在目睹陨石撞击地球这一悲壮的自然现象后会有何感想,用现代人的观点去揣测,恐惧之后人们只会更加虔诚地去敬畏。所以一些民族与宗教人士把它作为神的信物进行供奉与崇拜,有的地方还把收集到的陨石制成各种饰品或器具(图 1.5),越来越多的文字记载和考古发现显示,陨石被先祖们作为一种精神与力量的图腾顶礼膜拜,这种文化现象遍及非洲、亚洲、欧洲与美洲各地。在许多民族的宗教文化里,陨石被当作权力象征的信物,如古罗马人把陨石当作圣物,把它作为民族图腾铸造在古罗马的硬币上。陨落在法国阿尔萨斯小镇的昂西塞姆雷陨石,被装在了一个精致的玻璃盒中,放在了昂西塞姆王宫中保管,后来又被人抬进了教堂进行供奉,神职人员用链子把它锁起来,以防这个"神的礼物"被偷盗或不翼而飞,这块"雷石"还曾被当时的一位皇帝认为是一块幸运之石,认为它能给罗马帝国带来好运。在圣城麦加,克尔白卡巴圣殿墙上镶有一块黑石,它是古代伊斯兰教的圣物,相传当年的先知穆罕默德曾亲吻过它,每年朝觐者经过时,都争先与之抚摸、亲吻或举双手对其示以敬意,这块黑石其实就是一块陨石。据伊斯兰教传说,此黑石从天而降,落在圣坛,而且在伊斯兰教创立之前,黑石就已经备受人们崇敬。

图 1.5　1925 年在埃及法老图坦卡蒙墓中挖掘出来的一把铁陨石匕首陪葬品
照片来自网络

中国历史上曾有许多关于陨石的传说。与"陨石于宋"事件相关，有一个成语，"石陨鹢退"也称"五石六鹢"。说的正是公元前 644 年，宋国发生的一场陨石雨，当时陨石和暴雨一起落下。又一日，宋国都城一些居民无意间抬头看，竟然有六只鹢（yì，水鸟名）在宫廷上空盘旋，远方刮起一股风，刮至宋国都城时，风速加快，于是六只鹢遇风倒飞退去。宋襄公以为陨石和鹢退是上天发出的祸福启示，专门派人到周天子那里请来了内史叔兴咨询。公元前 211 年（始皇三十六年），一颗陨石坠落到了东郡（今河南濮阳）。被秦灭亡的六国贵族，时时刻刻都想着用各种方法推翻秦王朝的统治。有人借此机会在这块陨石上偷偷刻了"始皇帝死而地分"七个字。中国历史上历代帝王都特别重视天象，陨星陨落，即为天象。这七个字非同小可！它代表了上天的旨意，预示着秦始皇将死，同时也预告了大秦帝国将亡。秦始皇闻讯后震惊不已，立即派御史到陨石落地处，逐户排查刻字之人，结果一无所获。愤怒的秦始皇下令处死这块陨石旁方圆百里内所有居民，并立即焚毁这块刻字的陨石（黔首或刻其石曰"始皇帝死而地分"，始皇闻之，遣御史逐问，莫服，尽取石旁居人诛之，因燔销其石）。东晋孙盛的《晋阳秋》对陨石也有描述："有星赤而芒角，自东北向西南投于亮营，三投，再还，往大，还小，俄而亮卒"。也就是说，在诸葛亮病逝之前，有一颗发着强烈红光的星星，从东北而来，向西南而去，星星的碎片分三次落下，全部落入了诸葛亮的军营之中，星星的光芒时大、时小，没过一会，诸葛亮就去世了。即便进入了现代社会，有一些民众还坚信 1976 年吉林陨石和 1997 年鄄城陨石是"天人感应"的结果。

北美洲的原住民印第安人对陨石似乎也持有敬仰之心。1928 年，考古队员在亚利桑那州考察一个原住民居住地时，从一个小孩的墓穴中发现了 24 千克的石陨石，这些陨石排列整齐，像是作为神物陪葬。也许，原住民当时见证了一场陨石雨的陨落过程，认为这是上天赐予的宝物，用来祈求神灵保佑。这个小镇的名字叫 Winona，离亚利桑那州著名的巴林杰陨石坑只有 35 英里[①]，于是这批陨石就被

① 1 英里≈1.61 千米

命名为 Winona，这是一批稀有的原始无球粒陨石，比月球陨石和火星陨石还要罕见，科学内涵十分丰富。后来又发现了 40 块与 Winona 相似的陨石，统称为 Winonaite，这类辉石无球粒陨石是火成岩石，主要由细粒到中粒的橄榄石和辉石组成，具有麻粒岩结构。

说到陨石，很多爱好者都自然而然会有这样的疑问："陨石是否带有放射性？"标准答案是：**"所有陨石都没有放射性"**。陨石的年龄大多超过了 45 亿年，很多放射性元素早已衰变殆尽了，残余的放射性元素（如铀和钍）含量极低（只有一亿分之一），还不到地球岩石的百分之一；而铁陨石中的铀和钍含量就更低了，常规科学仪器都检测不出来。所有陨石都没有放射性，对人体无害。日常家庭装修中常用的花岗岩和大理石的放射性强度要比陨石高出成千上万倍，因此爱好者无须担心陨石的放射性，可以放心收藏。如果陨石有放射性，就不会有这么多人收藏陨石。迄今为止，从来没有出现过哪位藏家被陨石"放（射）到（倒）了"。全世界最著名的陨石藏家 Harvey H. Nininger（1887～1986 年），其藏品占当时世界总量的一半以上。他终身与陨石为伍，不仅是历史上收藏量最大的陨石藏家，也是最长寿的藏家，99 岁才离世。世界最大的吉林陨石，在吉林市陨石博物馆陈列了 40 多年，馆内的工作人员至今为止无一人受其辐射影响。

陨石收藏不仅在中国方兴未艾，在世界范围内也是"炙手可热"。据美国圣路易斯华盛顿大学陨石学者柯若题夫博士透露，他每年都要收到来自世界各国爱好者的几千次电话咨询；而加州大学洛杉矶分校的陨石专家艾仁·罗宾博士迄今已收到几千箱石头，请求他代为鉴定。亚利桑那州立大学陨石博物馆馆长劳伦士·嘎维博士说，自从参加了趟陨石猎人电视节目，每个月都要收到几十箱石头，求他帮助鉴定，已经变成他的负担了。

国内情形也很相似，中国科学院各相关科研院所经常会收到陨石鉴定的请求。据紫金山天文台行政办公人员反映，他们每天都要接到几十次电话咨询陨石；紫金山天文台的门卫高峰期一天要接待十几批来访人员。很显然，其中的绝大多数都不是陨石。另据中国陨石网统计，迄今为止网站共收到 2 万多条求鉴帖，最终只有 57 块陨石被确认，成功率还不到千分之三，其余超过 99.7% 的样品都是地球上的岩石。

很多爱好者对陨石缺乏了解，经验不足，民众的陨石基础知识急需提高和普及；然而国内中文版的陨石科普书寥寥无几、屈指可数，"星友们"苦于无路可循，无处求知。不少爱好者无奈地找来王道德教授早年编写的《中国陨石导论》研读，但这是一本学术专著，专业性极强，并不适合普通读者。笔者撰写本书的初衷，正是意在用通俗易懂的语言普及陨石知识，惠及更多不同领域、不同层次的爱好者。本书第 2 章介绍了陨石的入门知识，并附带了一些矿物岩石学基础知识，这些都是大学本科地质类专业的基础课程，有一定难度，但想要进入陨石领域，这些知识都是基础，是必不可少的"奠基石"和"敲门砖"；第3章详细罗列了各类陨石的矿物化学和岩石结构特征，以及科学鉴定标准，这部分专业性较强，不容易看懂，是专门针对资深"星友"和陨石鉴定工作者撰写的，普通读者可以跳过此章节，阅读余下的章节；第4章介绍了如何通过观测样品的外部特征来初步判断陨石，以及采用一些简单实用的方法来鉴别球粒陨石、石铁陨石和铁陨石，普通爱好者在这里可以学到很多实用知识，有助于自己的陨石收藏；第5章列举了几种常见貌似陨石的地球岩石样品，望"星友"引以为戒，避免落入陷阱；第6、7章点评了中外著名陨石和收藏界经典藏品，读者可以在此体验陨石的科学内涵和科研价值；第8章介绍了沙漠猎陨的经历和经验，猎陨活动十分艰辛、风险极高，有志猎陨者须仔细研读此章，在进入沙漠之前做好各种准备工作，避免意外发生；第9、10章汇集了藏家收藏陨石的经验和心得体会，对新入门的陨石收藏者有很多可借鉴之处；书中还展示了国内陨石藏家的精美藏品，供广大"星友"欣赏，初学者还可以从它们的外部特征入手，学习认识陨石。

藏品题名：天外来客——呐喊
国际命名：Henbury
陨石类型：ⅢAB 铁陨石
发现地：澳大利亚
规格：45 厘米 ×20 厘米 ×10 厘米
质量：22 千克
收藏人：北京始祖鸟探索教育科技中心　朱豪

藏品题名：宇宙之心
陨石类型：石陨石
发现地：撒哈拉沙漠
规格：11 厘米 ×10 厘米 ×5 厘米
质量：760 克
收藏人：北京始祖鸟探索教育科技中心　朱豪

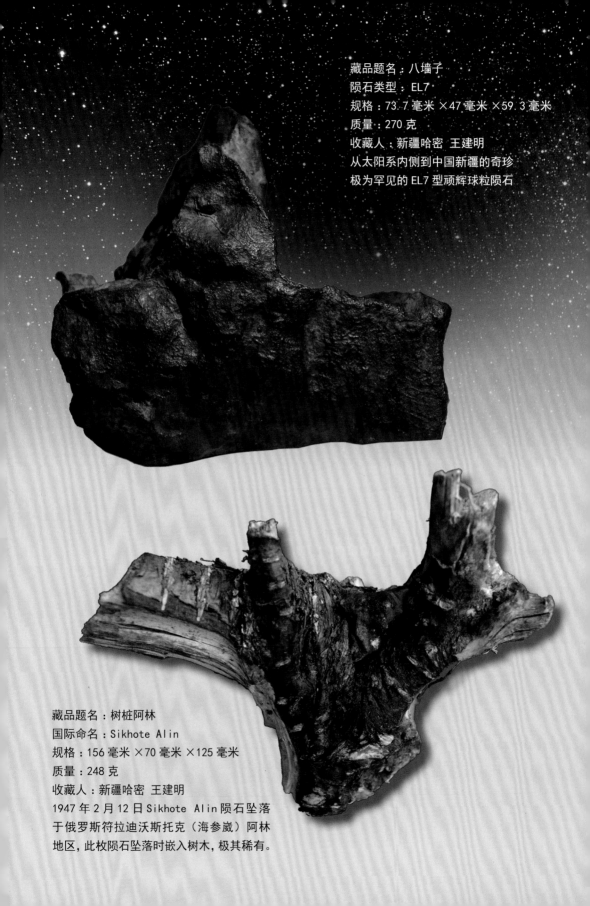

藏品题名：八墙子
陨石类型 ：EL7
规格：73.7 毫米 ×47 毫米 ×59.3 毫米
质量：270 克
收藏人：新疆哈密 王建明
从太阳系内侧到中国新疆的奇珍
极为罕见的 EL7 型顽辉球粒陨石

藏品题名：树桩阿林
国际命名：Sikhote Alin
规格：156 毫米 ×70 毫米 ×125 毫米
质量：248 克
收藏人：新疆哈密 王建明
1947 年 2 月 12 日 Sikhote Alin 陨石坠落
于俄罗斯符拉迪沃斯托克（海参崴）阿林
地区，此枚陨石坠落时嵌入树木，极其稀有。

第 2 章　陨石的入门知识

陨石本质上就是"石头"，只不过它是来自其他星球的石头。因为稀少，所以显得珍贵。地球上到处都是石头，我们的日常生活中也常常碰到它们，盖房子、搞基建、开山挖矿、修高铁、建高速公路，处处都离不开石头。岩石不仅是地球的主要组成部分，据最新的探测资料表明，位于太阳系内侧的水星、金星和火星的表层都由岩石组成。而位于火星和木星之间的小行星带（图 1.1），则分布着大大小小 100 多万块石块，45 亿年来，这些石块一直围绕着太阳周而复始地运转，石块与石块之间难免磕磕碰碰，发生碰撞后，碎片掉到地球上，就是我们下面要说的各种陨石。

2.1　陨石的类型

全世界目前收集到的各类陨石共有 6 万多块，总体上可分为三大类：石陨石（主要组分是硅酸盐矿物）、铁陨石（主要由铁镍金属矿物组成）和石铁陨石（铁镍金属矿物和硅酸盐矿物的混合物）。石陨石又分为球粒陨石（chondrite）和无球粒陨石（achondrite）。石铁陨石也有两大类：中铁陨石和橄榄陨铁（图 2.1）。

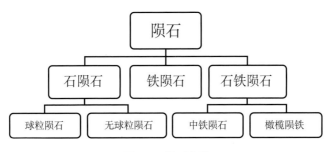

图 2.1　陨石家谱

绝大多数的陨石都是石陨石中的球粒陨石（占总数的 90%以上），其特点是内部包含大量亚毫米大小的石质球型珠子，也称球粒（图 2.2）。球粒的形成一直是个谜，科学家提出了很多假说来解释球粒的形成机制，包括星云中冲击波、闪电引发的高温熔融或星子之间相互碰撞等，但至今仍然没有统一定论。球粒主要由硅酸盐矿物组成，最常见的是橄榄石和辉石，有时也有长石和铁镍金属矿物。球粒陨石是太阳系内最原始的物质，是从太阳系原始胚胎星云中直接冷凝沉淀下来的产物，它们的平均化学成分代表了太阳系的化学组分。球粒陨石又被细分为几个亚类：普通球粒陨石（ordinary chondrite, OC）、碳质球粒陨石（carbonaceous chondrite, CC）、顽辉球粒陨石（enstatite chondrite, EC）等（图 2.3）。普通球粒陨石是最常见的陨石类型，超过了总量的 85%（表 1.3），也就是说在 100 块陨石中，至少有 85 块是普通球粒陨石。球粒陨石的发源地来自石质小行星，它们的母体包括 Hebe、Gefion 和 Flora 等在内的一系列 S 型、Q 型和 C 型小行星。

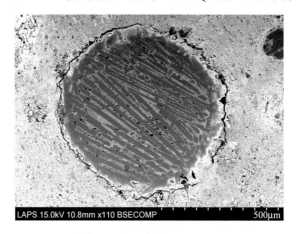

图 2.2　球粒陨石中的球粒（电子显微镜照片）

球粒一般为圆形，大小在亚毫米级别。内部长条状矿物是橄榄石，间隙部分充填了硅酸盐玻璃

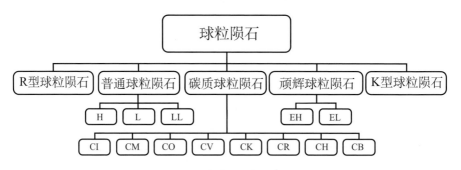

图 2.3　球粒陨石的分类图

详细分类标准见第 3 章

　　无球粒陨石（图 2.4）、铁陨石和石铁陨石（图 2.1）统称为分异陨石，它们是由原始球粒陨石经高温熔融分化后再冷凝结晶的产物，是代表小行星内部不同层次的岩石样品。小行星的内部结构与煮熟的鸡蛋很相似，分为三层：中心蛋黄部分为铁核（铁陨石），中间蛋白部分为橄榄石幔层（橄榄陨铁来源于核幔边界，类似于蛋黄与蛋白交界处），最外层蛋壳是石质为主的壳层（无球粒陨石）。世界上最大的铁陨石是非洲纳米比亚的 Hoba 铁陨石，质量 60 吨。我国新疆青河县境

内银牛沟发现的铁陨石的质量约为 28 吨，目前是世界第五大铁陨石个体。2016年陨落在陕西延安马子川的目击陨石是紫苏辉石无球粒陨石（Diogenite），它的母体是 4 号小行星——灶神星。

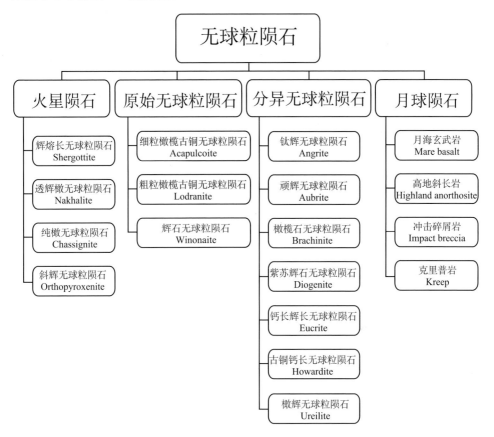

图 2.4　无球粒陨石的分类图

详细分类标准见第 3 章

在所有陨石中，最珍贵稀有的是月球和火星陨石，它们是小天体撞击月球和火星表面时飞溅出来的岩石碎片，它们带来了许多月球和火星的重要信息，为我们深入了解太阳系大行星系统的形成和演化历史提供了关键证据。特别是火星陨石，它是人类迄今为止唯一能直接研究火星地质演化历史和环境变迁的样品。2020年 7 月 23 日，我国成功发射了"天问一号"火星探测器，开启了火星探测之旅。"天问一号"在 2021 年 2 月飞抵火星，然后展开一系列的科学探测工作，主要针对火星形貌与地质构造特征、火星表面土壤特征与水冰分布、火星表面物质组成、火星内部结构等开展研究。"天问一号"火星探测器并没有安排采集火星样品计划，因此，火星陨石目前仍然是我们直接研究火星的岩石标本。全世界目前已收集到270 多块火星陨石（总质量超过 200 千克），其中大多数火星陨石是在沙漠和南极地区找到的。此外，还有 5 块目击火星陨石，最近一次是 2011 年 7 月 18 日陨落在摩洛哥的 Tissint 火星陨石（图 7.5），总质量约为 12 千克。中国南极科考队在南极格罗夫山地区也找到了两块火星陨石，GRV 99027（9.97 克）（图 6.9）和 GRV 020090（7.5 克）。

　　不少"星友"常会有这样的疑问，既然人类还没有直接从火星上取样返回，那科学家又是怎么知道哪些陨石来自火星？这就是科学的神奇之处。早在 20 世纪80 年代初，国外学者在研究一块南极陨石（EETA 79001）时惊奇地发现该陨石在加热后释放出来的气体化学成分与"海盗号"火星探测器探测到的火星大气成分高度一致（图 2.5），后来又发现此陨石的年龄非常年轻，还不到 2 亿年，远远晚于其他陨石；说明它应该来自一颗大行星，因为只有大行星上才会发生年轻的火山地质活动。于是科学家提出了大胆设想，此陨石必定来自火星。在随后的研究工作中，科学家又发现了更多证据，充分肯定了此陨石来自火星。

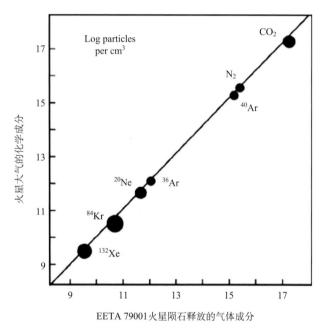

图 2.5　火星陨石释放出来的气体成分与火星大气成分高度一致

　　1815 年，陨落在法国的 Chassigny 目击陨石是人类收集到的第一块火星陨石，只是当初没有被看出来，直到 20 世纪 80 年代初才被确认为火星陨石。1996 年，美国科学家宣布在一块南极陨石（ALH 84001）中找到了火星存在生命的证据，引起了全世界的极大兴趣。但此后科学界纷纷指出此项研究的不周密之处，从各方面提出质疑，至今尚无定论。寻找火星生命的工作还在继续，与此同时，火星陨石为研究火星地质演化历史和环境变迁提供了宝贵的机遇，也成为全世界陨石藏家的最爱。2011 年，又有一块重量级火星陨石（NWA 7034）横空出世。这是一块火星碎屑角砾岩，质量只有 320 克，外部被黑色熔壳包裹，内部呈现黑色岩屑，被陨石收藏界尊称为"黑美人"。科学家通过深入研究，最后判定这块陨石形成于亚马孙时期，年龄差不多有 21 亿年，亚马孙时期是火星的远古地质年代。科学家通过研究还发现这块陨石的水分子含量比其他火星陨石要高出 10 多倍，证明火星在远古时期曾经拥有水，也许存在河流、湖泊和海洋。本书的封面也是一块火星陨石（NWA 13581），质量约为 6.3 千克，表面熔壳新鲜，形态保存完好，并带有定向特征。此陨石是 2018 年末在阿尔及利亚的沙漠戈壁滩找到的，2019 年 6 月被中国藏家购入。这是一块火星火山玄武岩，内部主要矿物有橄榄石、辉石和长石，它记录了火星近期发生的年轻火山活动。

2.2　陨石的矿物学特征

陨石本质上就是岩石，是来自其他星球的岩石碎片，要认识陨石就必须从矿物岩石学基础入门。

地球的表层由各种各样的岩石组成，大体上可分为三大类：火成岩、沉积岩和变质岩。火成岩是由高温熔融的岩浆在地表或地下深处冷凝所形成的岩石（家庭装修用的花岗岩就是一种火成岩）；沉积岩是在地表条件下由风化作用、化学作用、生物作用和火山作用的产物经水、空气和冰川等外力的搬运、沉积和成岩固结而形成的岩石（建筑工地上的砂岩、砾岩，装饰园林的太湖石，烧石灰用的灰岩都是沉积岩）；变质岩是由原先形成的火成岩、沉积岩或变质岩由于其所处地质环境的改变，经高温、高压变质作用形成的岩石（如家庭装修用的大理石就是由灰岩经变质作用形成的一种变质岩，还有很多常见的玉石也是变质岩）。地球上的火成岩大约有 150 种，沉积岩有 50 多种，变质岩的种类要更多一些。就陨石来说，最常见的球粒陨石可以说就是一种沉积岩，类似于建筑工地上的混凝土，由沙子（矿物碎屑）、砾石（球粒）加水泥（基质矿物）混合、凝固而成。大多数火星陨石和月球陨石是火成岩，它们是由火星和月球上的火山喷发出的岩浆冷凝形成的，灶神星陨石也是火成岩。而 4 型、5 型和 6 型球粒陨石可以看作是变质岩，它们都是由 3 型原始球粒陨石（沉积岩）经热变质作用形成的。

组成岩石的基本单元是矿物，绝大多数岩石是由多种矿物混合而成。陨石也一样，铁陨石就是由铁纹石和镍纹石两种主要矿物组成的岩石；橄榄陨铁则是由橄榄石、铁纹石和镍纹石三种主要矿物组成的岩石；球粒陨石中的矿物种类就更多了，主要有橄榄石、辉石和长石三种，还有一些次要矿物，如铁纹石、镍纹石、陨硫铁、磷灰石等。

再来说说矿物。什么是矿物呢？矿物是自然形成的晶体（如水晶和钻石），内部质点（原子、离子）排列有序的均匀固体。组成矿物的基本单元是化学元素（原子或离子）。矿物必须具备两个基本要素：特定的化学成分和特定的晶体结构。一般不同矿物的化学成分不同，而化学成分相同但晶体结构不同，也算作是不同的矿物。比如，石墨和钻石，它们的化学成分相同，都是碳，但内部的晶体结构不同，就形成了两种截然不同的矿物；石英的化学成分是二氧化硅，由于内部晶体结构不同，就有了鳞石英、方石英、柯石英、斯石英、塞石英等多种石英矿物。地球上发现的矿物有 5000 多种，其中最常见的矿物是硅酸盐矿物，它是一类由金属阳离子与硅酸根结合而成的含氧酸盐矿物，在自然界分布极广，是构成地壳、上地幔的主要矿物，估计占整个地壳质量的 90% 以上。地球上各种岩石中的矿物多达几千种，但常见矿物也就二三十种，这些矿物常被称作造岩矿物，其中最重要的造岩矿物只有七种：正长石、斜长石、石英、角闪石、辉石、橄榄石、方解石。甚至可以说，地球表面整个地壳几乎都是由上述七种矿物构成的，其他矿物所占的比例微乎其微。

陨石也是岩石，但陨石中的矿物只有 300 多种，比地球矿物少多了，其中绝大多数陨石中的矿物和地球矿物相同，只有少数几种陨石矿物是地球上没有的，如铁纹石和镍纹石。对于普通陨石爱好者来说，不需要把 300 多种陨石矿物都记下来，只要了解其中五种最常见、最关键的矿物就可以了。组成陨石的主要矿物是三种硅酸盐矿物（橄榄石、辉石和长石）和两种金属矿物（铁纹石和镍纹石），其他矿物在陨石中的含量比较低，不起主导作用。陨石鉴定和分类的主要依据就是这些主要矿物的化学成分，而不是次要矿物的种类和成分。

有些"星友"常有一种错误认识，认为只要在样品中找到了一些特殊稀有的矿物，就以为找到陨石了，这是不正确的想法，因为很多稀有矿物在地球岩石中也能找到。当然，铁纹石和镍纹石除外，因为这两种矿物只出现在陨石中，而在地球岩石中没有。陨石鉴定和分类就是以三种硅酸盐矿物（橄榄石、辉石和长石）的化学组分为基础，不同类型的陨石其中的硅酸盐矿物的化学成分是不同的。除了铁陨石以外，一般分类以橄榄石和辉石的化学成分为准，有时还会用到长石。通过测试样品中橄榄石、辉石和长石的化学成分，就能鉴定陨石并进一步确定其类型。橄榄石、辉石和长石也是地球岩石中的常见矿物，但是它们的化学成分和相互组合关系与陨石截然不同。另外，地球岩石中还常包含很多含水矿物，如角闪石、云母等，这些含水矿物一般不会出现在陨石中。所以根据这些特性，就很容易区分地球岩石和陨石。除了无球粒陨石，大多数陨石都含有铁纹石和镍纹石，这两种矿物是地球岩石中没有的，只出现在陨石中，因此它们是鉴定陨石的标志性矿物。如果在样品中找到了铁纹石和镍纹石，就基本可以确定是陨石了。下面让我们来认识一下这五种矿物。

2.2.1　橄榄石

橄榄石是一种镁铁硅酸盐矿物（$[Mg,Fe]_2SiO_4$），是组成地球地幔的主要矿物，也是陨石和月岩中常见的主要矿物。宝石级橄榄石显淡绿黄、黄绿（橄榄绿）、绿褐色、褐色，颜色和多色性随铁的含量变化而变化（图 2.6）。自然界中纯的镁橄榄石和纯的铁橄榄石很少见，常见的普通橄榄石是由镁橄榄石（Mg_2SiO_4，Forsterite, Fo）和铁橄榄石（Fe_2SiO_4, Fayalite, Fa）混合而成的混合物，它的化学成分可用 Fo_xFa_{100-x} 表达，表示橄榄石中镁橄榄石和铁橄榄石各占的百分比含量，也时常被称作镁橄榄石指数（Fo）或铁橄榄石指数（Fa），这个概念很重要，在陨石鉴定分类工作中经常会用到它。根据其中铁的含量，橄榄石分别称为：镁橄榄石（$Fo_{100-90}Fa_{0-10}$）、贵橄榄石（$Fo_{90-70}Fa_{10-30}$）、透铁橄榄石（$Fo_{70-50}Fa_{30-50}$）、镁铁橄榄石（$Fo_{50-30}Fa_{50-70}$）、铁镁橄榄石（$Fo_{30-10}Fa_{70-90}$）和铁橄榄石（$Fo_{10-0}Fa_{90-100}$）。

图 2.6　橄榄石矿物原石

下面来看看如何根据分析测试数据计算橄榄石的镁橄榄石指数（Fo）或铁橄榄石指数（Fa）。一般的矿物化学分析（能谱仪或者电子探针）给出的分析结果都是用氧化物的质量分数来表示，比如某个橄榄石的分析结果如表 2.1 所示。

表 2.1　某橄榄石的矿物化学组成（能谱仪分析结果）

氧化物	含量/%	氧化物分子量	金属原子摩尔数	橄榄石指数/%
SiO_2	38.0	60.09		
FeO	23.5	71.85	23.5/71.85 = 0.3271	25.5
MgO	38.6	40.32	38.6/40.32 = 0.9573	74.5
MnO	0.4	70.94	0.4/70.94 = **0.006**	
总量	100.5			

（1）计算橄榄石中铁原子的摩尔数：用 FeO 含量（23.5%）除以 FeO 的分子量（71.85）；

（2）计算橄榄石中镁原子的摩尔数：用 MgO 含量（38.6%）除以 MgO 的分子量（40.32）；

（3）橄榄石的铁橄榄石指数 = 铁原子摩尔数（0.3271）/[铁原子摩尔数（0.3271）+镁原子摩尔数（0.9573）]×100% = 25.5%；

（4）橄榄石的镁橄榄石指数 = 镁原子摩尔数（0.9573）/[铁原子摩尔数（0.3271）+镁原子摩尔数（0.9573）]×100% = 74.5%。

因此，该橄榄石的镁橄榄石指数 Fo 为 74.5%，铁橄榄石指数 Fa 为 25.5%，这是一种贵橄榄石（$Fo_{74.5}Fa_{25.5}$）。

陨石鉴定中经常会用到橄榄石的镁橄榄石指数（Fo）和铁橄榄石指数（Fa），因为不同类型陨石中橄榄石的镁橄榄石指数和铁橄榄石指数变化范围是有规律的，可以用来判定陨石的类型。橄榄石的锰原子摩尔数（0.006）也是一个很重要的指标，它是用来鉴定月球陨石和火星陨石的重要指标。

2.2.2　辉石

辉石与橄榄石相似，也是地球上常见的硅酸盐矿物，但是在成分上和内部结构上要比橄榄石复杂得多。辉石是镁铁钙硅酸盐（$[Mg,Fe,Ca]_2Si_2O_6$），可以看作是三种辉石的混合物，即顽火辉石（$Mg_2Si_2O_6$, Enstatite, En）、铁辉石（$Fe_2Si_2O_6$, Ferrosilite, Fs）和硅灰石（$Ca_2Si_2O_6$, Wollastonite, Wo）的混合固熔体（图 2.7）。一般辉石可以用 $En_xFs_yWo_{100-x-y}$ 来表示，代表辉石含有不同分量的顽火辉石（En）、铁辉石（Fs）和硅灰石（Wo）。铁辉石（Fs）含量不足 10% 的称为顽火辉石，10%～30% 为古铜辉石，30%～50% 为紫苏辉石，超过 50% 的为正铁辉石。辉石有时也按其硅灰石含量（或者内部晶体结构）来命名，当 Wo < 5% 时，被称为低钙辉石（也称斜方辉石）；当 Wo > 25% 时，称作高钙辉石（也称单斜辉石）。

辉石的化学成分特征也是鉴定陨石的重要指标，过去传统的陨石分类法中常见到古铜辉石球粒陨石（H 型球粒陨石）、紫苏辉石球粒陨石（L 型球粒陨石）

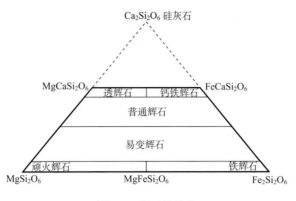

图 2.7 辉石的种类

和紫苏辉石无球粒陨石（Diogenite）等，就是根据陨石中辉石的化学成分来命名的。

辉石的端元组分是如何计算的？下面通过一个具体的例子来解释说明。

和橄榄石一样，一般辉石的矿物化学分析（能谱仪或者电子探针）给出的分析结果也是用氧化物的含量来表示，比如，某个辉石的分析结果（表 2.2）如下，主要成分是 SiO_2（54.70%），还含有 27.60% 的 MgO、13.90% 的 FeO 和 1.70% 的 CaO，再加上一些其他成分。分析结果的总量理论上应该是 100%，但实际分析工作中很少出现这样的结果。原则上是总量越接近 100%，分析数据的质量越好，差别超过 2%（总量低于 98% 或者高于 102%）的数据视为不合格数据，需要重新测试。

表 2.2 某辉石的电子探针分析结果

氧化物	含量/%	氧化物分子量	金属原子摩尔数	辉石指数/%
SiO_2	54.70	60.09		
MgO	27.60	40.32	27.6/40.32 = 0.6845	75.4
FeO	13.90	71.85	13.9/71.85 = 0.1935	21.3
CaO	1.70	56.08	1.7/56.08 = 0.0303	3.3
Al_2O_3	0.35	101.96		
MnO	0.41	70.94	0.41/70.94 = **0.0058**	
Cr_2O_3	0.47	151.99		
其他	0.19			
总量	99.32			

（1）此辉石的顽辉石（En）指数 = 镁原子摩尔数（0.6845）/[镁原子摩尔数（0.6845）+铁原子摩尔数（0.1935）+钙原子摩尔数（0.0303）]×100% = 75.4%；

（2）此辉石的铁辉石（Fs）指数 = 铁原子摩尔数（0.1935）/[镁原子摩尔数（0.6845）+铁原子摩尔数（0.1935）+钙原子摩尔数（0.0303）]×100% = 21.3%；

（3）此辉石的硅灰石（Wo）指数 = 钙原子摩尔数（0.0303）/[镁原子摩尔数（0.6845）+铁原子摩尔数（0.1935）+钙原子摩尔数（0.0303）]×100% = 3.3%。

由此可知该辉石为古铜辉石（低钙斜方辉石），表达式为 $En_{75.4}Fs_{21.3}Wo_{3.3}$。辉石的锰原子摩尔数（0.0058）也很重要，它是用来鉴定月球和火星陨石的重要指标。

2.2.3　长石

长石是地壳中含量最多的矿物，是一种钙钠钾铝硅酸盐矿物，可以被看作是钙长石（$CaAl_2Si_2O_8$, Anorthite, An）、钠长石（$NaAlSi_3O_8$, Albite, Ab）和钾长石（$KAlSi_3O_8$, Orthoclase, Or）三种长石矿物的混合固熔体，可用 $An_xAb_yOr_{100-x-y}$ 表示。地球岩石和陨石中最常见的长石由钙长石（An）和钠长石（Ab）组成，也称为斜长石。根据其钙长石的含量，斜长石分别称为钠长石（$An_{0-10}Ab_{100-90}$）、奥长石（$An_{10-30}Ab_{90-70}$）、中长石（$An_{30-50}Ab_{70-50}$）、拉长石（$An_{50-70}Ab_{50-30}$）、培长石（$An_{70-90}Ab_{20-10}$）和钙长石（$An_{90-100}Ab_{10-0}$）。

与橄榄石和辉石一样，一般的长石矿物化学分析（能谱仪或者电子探针）给出的分析结果也是用氧化物的含量来表示，比如，某长石的分析结果（表 2.3）如下，它的主要成分是 SiO_2（65.70%）和 Al_2O_3（21.10%），还含有 2.10%的 CaO、9.60%的 Na_2O 和 0.57%的 K_2O，再加一些其他成分，总量为 99.71%，非常接近100%，说明此分析数据的质量很高。

表 2.3　某长石的电子探针分析结果

氧化物	含量/%	氧化物分子量	金属原子摩尔数	长石指数/%
SiO_2	65.70	60.09		
Al_2O_3	21.10	101.96		
CaO	2.10	56.08	2.1/56.08 = 0.0374	10.4
Na_2O	9.60	61.98	9.6/61.98×2 = 0.3098	86.2
K_2O	0.57	94.20	0.57/94.20×2 = 0.0121	3.4
FeO	0.53	71.85		
MgO	0.05	40.32		
MnO	<0.03	70.94		
Cr_2O_3	<0.03	151.99		
总量	99.71			

（1）此长石的钙长石（An）指数 = 钙原子摩尔数（0.0374）/[钙原子摩尔数（0.0374）+钠原子摩尔数（0.3098）+钾原子摩尔数（0.0121）]×100% = 10.4%；

（2）此长石的钠长石（Ab）指数 = 钠原子摩尔数（0.3098）/[钙原子摩尔数（0.0374）+钠原子摩尔数（0.3098）+钾原子摩尔数（0.0121）]×100% = 86.2%；

（3）此长石的钾长石（Or）指数 = 钾原子摩尔数（0.0121）/[钙原子摩尔数（0.0374）+钠原子摩尔数（0.3098）+钾原子摩尔数（0.0121）]×100% = 3.4%。

由此可知该长石为奥长石，表达式为 $An_{10.4}Ab_{86.2}Or_{3.4}$。

2.2.4　铁纹石

铁纹石是由铁和镍组成的金属矿物（图 2.8），其中镍含量约为 5%～7%（图 2.9），另含少量钴（< 1%），比重为 8，莫氏硬度为 4.0，具等轴晶系体心式立方体结构（body-centered cubic , bcc）。铁纹石只出现在陨石中，地球岩石中没有。

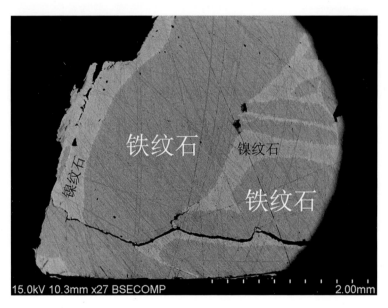

图 2.8　电子显微镜下阿勒泰铁陨石中的铁纹石和镍纹石

深灰色为铁纹石；浅灰色为镍纹石

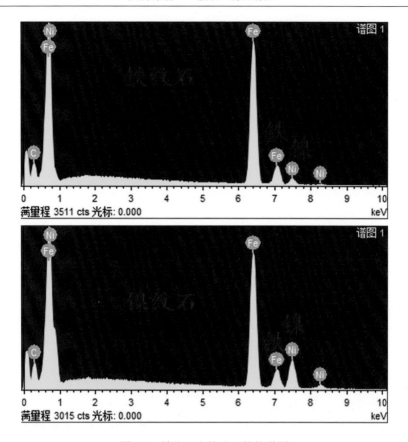

图 2.9　铁纹石和镍纹石的能谱图

除了铁和镍以外，没有其他元素的峰出现（碳元素峰是由于样品表面喷镀的碳膜所致）。镍纹石中镍的峰值要比
铁纹石的高，说明镍纹石的镍含量较高

2.2.5　镍纹石

镍纹石也是由铁和镍组成的金属矿物（图 2.8），其中镍含量约为 20%～65%（图 2.9），另含少量钴（< 1%），比重为 8，莫氏硬度为 5.0～5.5，具等轴晶系面心式立方体结构（face-centered cubic, fcc）。镍纹石只出现在陨石中，地球岩石中没有。

陨石鉴定一般情况下无须做全岩的化学分析。全岩分析的缺点是费时费力，分析结果也不容易解读，需要具备高深的专业知识才能解释清楚；因此在日常的陨石鉴定工作中，一般不采用全岩化学分析的方法，而是常用矿物分析方法；球粒陨石、无球粒陨石和石铁陨石的鉴定与分类主要通过测试其中的橄榄石和辉石的主要元素化学成分确定，而无球粒陨石还需要测定长石矿物成分以及橄榄石、辉石和长石中的微量元素成分。后面章节将具体讨论各类陨石中主要矿物

（橄榄石、辉石、长石）化学成分的变化规律和范围，并以此作为陨石鉴定的科学标准。

2.3　陨石的岩石学特征

球粒陨石在化学成分上可以分为普通球粒陨石、碳质球粒陨石、顽辉球粒陨石、R 型球粒陨石和 K 型球粒陨石五类，每类球粒陨石又可细分为几个亚类，总共有 15 个化学类型；球粒陨石在岩石结构上可分为 6 个类型，分别为 1、2、3、4、5、6 型，不同岩石结构类型代表陨石形成以后在小行星母体中受后期水蚀变和热变质作用不同程度的影响（表 2.4）。3 型球粒陨石最原始，被称为非平衡型球粒陨石（unequilibrated chondrites），其形成以后在母体中基本上没有受到后期热变质和水蚀变作用的影响，保留了最初原始状况，矿物内部化学成分不均匀，球粒外形轮廓清晰、数量众多，大多数碳质球粒陨石都是 3 型的。1 型球粒陨石，内部受水蚀变影响最大，球粒和矿物颗粒都被流体腐蚀成细小黏土矿物，基本上找不到球粒，主要由非常细小的含水层状硅酸盐基质组成（> 95 %）；1 型球粒陨

表 2.4　球粒陨石的化学类型和岩石类型

	球粒陨石类型	岩石类型					
		水蚀变增强		最原始	热变质增强		
		1	2	3	4	5	6
化学类型	CI	CI1					
	CM	CM1	CM2				
	CR	CR1	CR2	CR3			CR6
	CH			CH3			
	CB			CB3			
	CV			CV3			
	CO			CO3			
	CK			CK3	CK4	CK5	CK6
	H			H3	H4	H5	H6
	L			L3	L4	L5	L6
	LL			LL3	LL4	LL5	LL6
	EH			EH3	EH4	EH5	EH6
	EL			EL3	EL4	EL5	EL6
	R			R3	R4	R5	R6
	K			K3			

石只出现在 CI、CM、CR 群碳质球粒陨石中。6 型球粒陨石受到的热变质作用最强，在长时间高温烘烤下，其内部球粒轮廓模糊、分辨不清，球粒数量也明显减少（图 2.10），陨石中的矿物成分发生了高度均一化，不同矿物颗粒之间和矿物颗粒内部化学成分很均匀，有些矿物发生重熔重结晶，矿物粒径增大；6 型球粒陨石主要出现在普通球粒陨石、顽辉球粒陨石和 R 型球粒陨石中，有时也有 6 型的 CK 和 CR 碳质球粒陨石（表 2.4）。从 3 型到 1 型，水蚀变强度逐渐增大，球粒陨石中的矿物被小行星中流体腐蚀程度逐渐加强，形成各种水化黏土矿物；而从 3 型到 6 型，球粒陨石受热变质强度增加，数字越大，热变质的程度越高（图 2.10）。文献中曾有 7 型甚至 8 型球粒陨石的报道，但这只是一些学者的个人见解，并不代表学术界的共识。

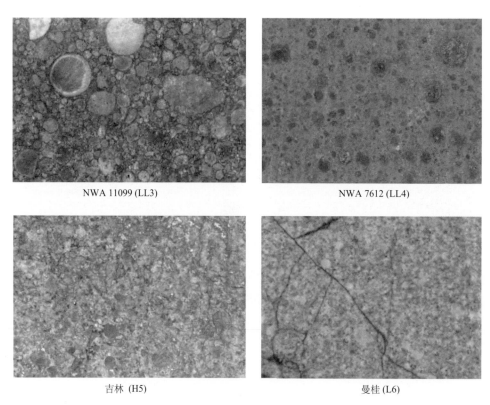

NWA 11099 (LL3)　　　　　　　　　　　　NWA 7612 (LL4)

吉林 (H5)　　　　　　　　　　　　曼桂 (L6)

图 2.10　普通球粒陨石受热变质作用的影响发生了岩石类型的变化

3 型球粒陨石中的球粒形态完整，数量众多；从 3 型（NWA 11099），到 4 型（NWA 7612），到 5 型（吉林），到 6 型（曼桂），球粒的数量逐渐减少，球粒的外形轮廓从清晰完整逐渐变得模糊不清

另外，陨石的母体在漫长的太阳系演化历史中经常受到其他天体的撞击，撞击强度有高有低；按受冲击变质强度的高低程度，球粒陨石的冲击类型可分为 6

级，从 S1 到 S6，代表冲击强度从低到高。S1 级球粒陨石基本上没有受到冲击变质作用的影响；当球粒陨石中的长石出现熔长石化时（图 2.11），则冲击强度达到 S5 级；S6 级球粒陨石经受的冲击强度最高（图 2.12），内部矿物发生高压相变和重熔，形成新的矿物相。

陨石在陨落地球后又受到地表风化作用影响，影响程度分为 7 级，W0～W6。目击陨石受地球风化作用影响最小，一般为 W0 级；而发现型陨石，如沙漠陨石和南极陨石，因居留地球时间较长，不同程度地受地球风化作用的影响，W 级别较高。

综上所述，球粒陨石可用四个参数来定义：化学类型（H、L、LL、CC、EC 等）、岩石类型（1～6）、冲击级别（S1～S6）和风化级别（W0～W6）。

有些无球粒陨石，比如灶神星陨石，也分为平衡型和非平衡性，岩石类型也分为 1～6 级，代表不同热变质程度，这些都是非常专业的学术问题，普通爱好者一般不需要深究。

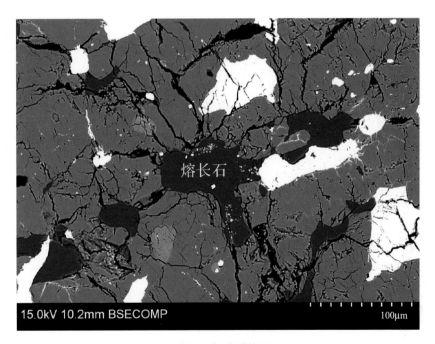

图 2.11 云南西双版纳曼桂陨石（L6）

其中长石受冲击变质转化为熔长石（灰黑色），长石矿物粒径超过了 50μm，因此将其岩石类型定为 6 型，冲击强度定在 S5 级以上

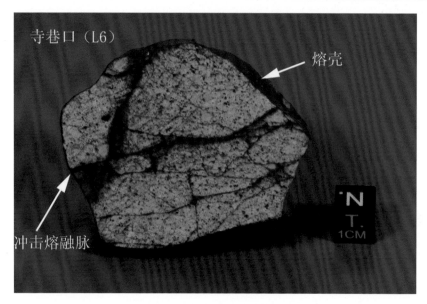

图 2.12　寺巷口普通球粒陨石（L6）
切面上密布网格状冲击熔融脉，脉中含有多种矿物高压相，冲击强度达到 S6 级

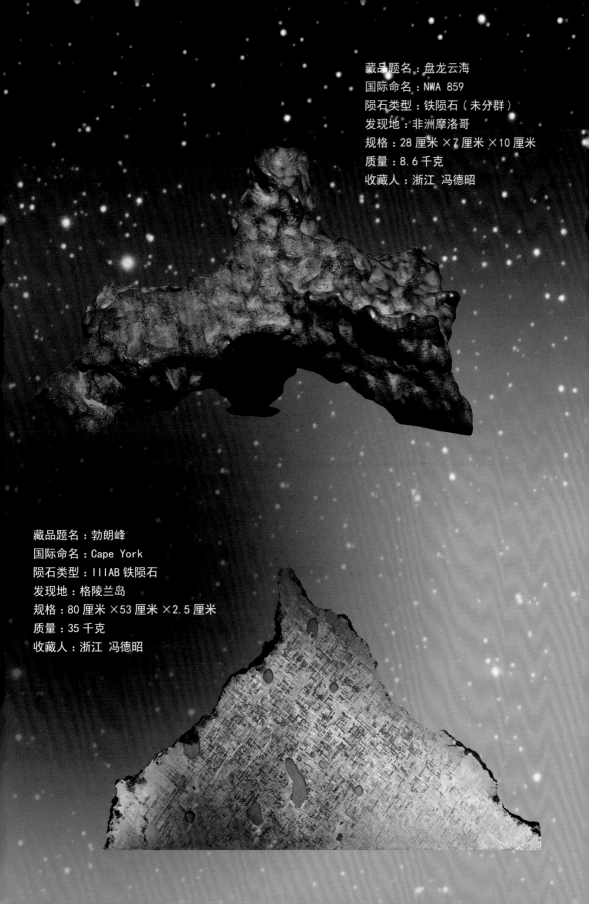

藏品题名：盘龙云海
国际命名：NWA 859
陨石类型：铁陨石（未分群）
发现地：非洲摩洛哥
规格：28 厘米 ×7 厘米 ×10 厘米
质量：8.6 千克
收藏人：浙江 冯德昭

藏品题名：勃朗峰
国际命名：Cape York
陨石类型：IIIAB 铁陨石
发现地：格陵兰岛
规格：80 厘米 ×53 厘米 ×2.5 厘米
质量：35 千克
收藏人：浙江 冯德昭

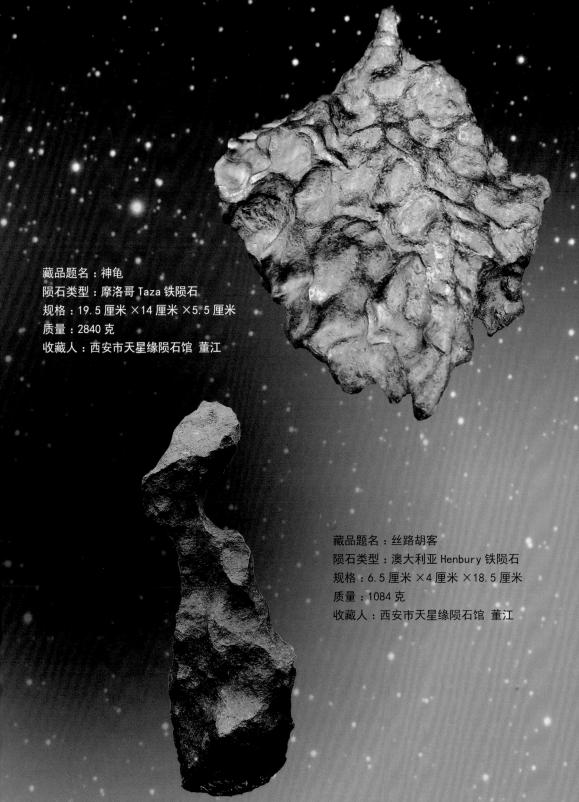

藏品题名：神龟
陨石类型：摩洛哥 Taza 铁陨石
规格：19.5 厘米 ×14 厘米 ×5.5 厘米
质量：2840 克
收藏人：西安市天星缘陨石馆 董江

藏品题名：丝路胡客
陨石类型：澳大利亚 Henbury 铁陨石
规格：6.5 厘米 ×4 厘米 ×18.5 厘米
质量：1084 克
收藏人：西安市天星缘陨石馆 董江

第3章 陨石的鉴定标准

前面我们提到，陨石可以分为三大类：石陨石、铁陨石和石铁陨石。而石陨石又可分为两类：球粒陨石和无球粒陨石；球粒陨石是最常见的陨石类型，下面我们就从球粒陨石入手，介绍各类陨石的科学鉴定标准。

3.1 球 粒 陨 石

1. 普通球粒陨石

陨石细分有近 50 种类型，普通球粒陨石是最常见的类型（图 3.1），占总量的 85%以上，常含有亚毫米大小的球粒，球粒中的主要矿物是橄榄石和辉石，次要矿物有长石、铁纹石、镍纹石和陨硫铁。普通球粒陨石可细分为三个化学亚类：高铁 H 型（总铁含量高、铁镍金属含量高）、低铁 L 型（总铁含量和铁镍金属含量居中）和低铁低金属 LL 型（总铁含量低、铁镍金属含量低）（图 2.3）。

普通球粒陨石的最大特点是其内部包含银白色金属矿物颗粒。H 型普通球粒陨石包含金属颗粒最多，铁镍金属矿物的含量高达 15%～20%，切面上可见众多银白色金属颗粒（图 3.2）；L 型普通球粒陨石的金属矿物含量介于 H 型和 LL 型之间，金属含量为 5%～10%，切面上可见少量银白色金属颗粒（图 3.3）；而 LL 型普通球粒陨石中的金属颗粒含量最少，只有 0.5%～5%，切面上银白色金属颗粒匮乏（图 3.4）。这些是普通球粒陨石最重要的外观特性，爱好者可以将此作为初步确定普通球粒陨石化学类型（H、L、LL）的首要依据，再根据陨石中球粒外形轮廓的完整程度、清晰程度和数量多少，进一步确定其岩石类型。资深"星友"完全可以凭样品内部的岩石结构特征，用肉眼就能初步鉴定普通球粒陨石的化学类型（H、L、LL）和岩石类型（3、4、5、6 型）。由于含有金属矿物（铁纹石和镍纹石），因而普通球粒陨石都具有磁性，这是初步判断陨石的一个次要特征。H 型普通球粒陨石的磁性最强(严格来讲应该是磁化率最高,最容易被磁铁吸附)，L 型次之，而 LL 型的磁性最弱。正因为内部含有金属矿物，所以普通球粒陨石要比一般地球岩石的手感要重些，这也是初判陨石的另一个特征。很多初学者经常依据样品的熔壳和气印来判断陨石，往往得到错误的结论。这是因为熔壳和气印只有新鲜目击陨石才明显，而发现型陨石由于长期受地球风化作用影响，熔壳和气印已经模糊不清了，没有丰富的实践经验，初学者很容易误判，常把地球岩

京山 (H5)　　　　　　　　　　　　西宁 (L5)

GRV 022021 (LL5)　　　　　　　　NWA 7251 (L—冲击熔融)

图 3.1　普通球粒陨石

湖北京山（目击 H5, 左上）, 西宁（目击 L5, 右上）, 南极陨石 GRV 022021（LL5, 左下）, 西北非沙漠陨石 NWA 7251（L—冲击熔融型, 右下）

石的风化层和表面凹坑当作熔壳和气印。他们往往看什么都像陨石，误入歧途。要正确识别陨石的熔壳和气印，读者可以参阅第 4 章第 1 节。爱好者如果要想学习鉴别陨石，首先要从认识陨石的内部结构特征入手，而不是网上传说的熔壳和气印。只有通过长年累月的实践观察和学习，才能正确认识熔壳和气印，光通过书本和网络是学不会的。因为绝大多数陨石都是普通球粒陨石，因此掌握了上文所述的技能，一般的普通爱好者就能识别 85% 以上的陨石，也就都能成为资深"星友"了。

最后总结一下，从样品外部特征来鉴定球粒陨石，首先要找到球粒和金属矿物颗粒；再依据表面熔壳和气印，进一步确定。

图 3.2　H 型普通球粒陨石（吉林陨石，H5）

最大特点是切面上呈现有众多银白色金属矿物颗粒，且颗粒粗大，H 型普通球粒陨石中金属矿物的含量可达 15%～20%

图 3.3　L 型普通球粒陨石（曼桂陨石，L6）

切面上分布少量银白色金属矿物颗粒，少量圆形球粒依稀可见，L 型普通球粒陨石中金属矿物的含量较低，为 5%～10%

图 3.4　LL 型普通球粒陨石（NWA 11099，LL3）

切面上分布大量圆形球粒，球粒外形轮廓清晰，这是 3 型球粒陨石的特征，银白色金属矿物颗粒匮乏，LL 型普通
球粒陨石中金属矿物的含量最低，只有 0.5%～5%

　　科学上鉴定普通球粒陨石是一件非常容易和简单的工作。首先观测样品切片中是否有球粒和金属颗粒；然后利用能谱仪或者电子探针，测试样品中橄榄石和辉石的化学成分；计算出橄榄石的铁橄榄石指数和辉石的铁辉石指数（详见第 2 章第 2 节），H、L 和 LL 型球粒陨石中的橄榄石和辉石的成分变化范围截然不同（图 3.5），很容易区分出来。

　　（1）对于 H 型普通球粒陨石来说，橄榄石的铁橄榄石指数变化范围为 16～20（Fa_{16-20}），而低钙辉石的铁辉石指数范围为 14.5～18.5（$Fs_{14.5-18.5}$）；

　　（2）对于 L 型普通球粒陨石来说，橄榄石成分为 22～26（Fa_{22-26}），低钙辉石成分为 19～22（Fs_{19-22}）；

　　（3）对于 LL 型普通球粒陨石来说，橄榄石成分为 27～32（Fa_{27-32}），低钙辉石成分为 23～27（Fs_{23-27}）。

　　普通球粒陨石的岩石类型（3～6 型）是通过观察橄榄石和辉石矿物成分的变化范围来确定的。3 型陨石是非平衡型陨石，不同矿物颗粒间和矿物颗粒内不同部位的化学成分变化最大；从 4 型到 6 型，矿物成分变化范围越来越小，不同矿物颗粒之间的化学成分逐渐趋于均一化。另一个重要指标是陨石中长石矿物颗粒的大小，4 型球粒陨石中长石矿物颗粒较小（< 2μm），5 型球粒陨石中长石矿物颗粒在 2～50μm，当长石颗粒超过 50μm 时，岩石类型就从 5 型变成 6 型了。在

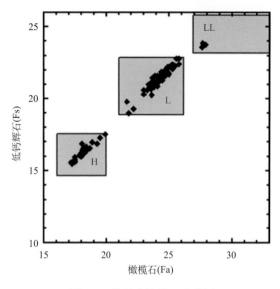

图 3.5　普通球粒陨石分类图

不同类型普通球粒陨石中的铁橄榄石指数（Fa）和铁辉石指数（Fs）分布在不同的区域，中国南极普通球粒陨石
大部分落在 H 和 L 区，LL 型陨石相对较少

学术界，3 型球粒陨石还被细分成 3.x 甚至 3.xx 级别，如 Sharps（H3.4）和 Semarkona（LL3.00）等，这是根据陨石中基质矿物的颗粒大小、热释光强度、橄榄石中 Cr 的成分变化与金属矿物中 Co 和 Cu 的成分变化规律等因素来确定的，普通陨石爱好者无须深究，只要了解就行了。

　　有很多著名的目击陨石都是普通球粒陨石。1976 年 3 月 8 日陨落的世界最大石陨石——吉林陨石就是 H5 型普通球粒陨石，1986 年 4 月陨落的随州陨石则是 L6 型普通球粒陨石，而 2013 年 2 月 15 日俄罗斯车里雅宾斯克州陨落的是 LL5 型普通球粒陨石，最近陨落在云南西双版纳的曼桂陨石也是 L6 型普通球粒陨石。据国际陨石数据库的最新资料表明（截至 2020 年 6 月），H 型球粒陨石约有 25 000 块，占陨石总数量的 40%；L 型球粒陨石有 22 000 块，占总数量的 35%；LL 型球粒陨石有 7700 块，占总数量的 12%。普通球粒陨石的总量有 55 000 块，占总数的 85%。这些数据一直都在小幅度变化，不变的是普通球粒陨石永远是最常见的陨石，其他类型的陨石数量要远少于普通球粒陨石的数量。

　　2. 碳质球粒陨石

　　碳质球粒陨石仅次于普通球粒陨石，也是比较常见的球粒陨石，占陨石总数的 4%。每找到 100 块陨石，有 4 块是碳质球粒陨石。碳质球粒陨石的名称有时会使人产生误解，以为它们都含有碳，不少爱好者平时看到内部发黑的石头就误以为发现了碳质球粒陨石。实际上，碳质球粒陨石的碳含量并不是很高，有些碳质球粒陨石的碳含量甚至比普通球粒陨石还要低。那为什么会被称作碳质球粒陨石？这是因为历史的原因，早年间发现的 CI、CM、CV 型球粒陨石都含有较多的碳，所以被称作碳质球粒陨石；后来发现与其性质相似的陨石也就习惯上称作碳质球粒陨石，比如 CH 和 CB 型，它们的碳含量极低，比其他类型陨石都要低，但还是被称作碳质球粒陨石。

其实碳含量并不是确定碳质球粒陨石的主要指标，难熔亲石元素的含量才是关键因素。碳质球粒陨石中的铝（Al）、钙（Ca）、钪（Sc）和稀土元素（REEs）的含量要高于太阳系平均值，而其他类型的球粒陨石则低于平均值，这是确定碳质球粒陨石的最主要指标。另外一个重要特征就是氧同位素组成，碳质球粒陨石的氧同位素组成都在地球分馏线以下，而其他球粒陨石大多在地球分馏线以上（图4.11）。碳质球粒陨石的化学成分变化大，还可以进一步细分为 8 个亚类：CI、CM、CO、CV、CK、CR、CH 和 CB 型（图 2.3），各自的岩石结构和矿物化学成分有很大的差别。碳质球粒陨石的另一个特点就是包含难熔包体。难熔包体与球粒在大小和形态上有明显的差别，难熔包体的大小在亚毫米到厘米，呈圆形或不规则形（图 3.6 和图 3.7）；难熔包体与球粒的本质区别是：难熔包体由熔点很高的难熔矿物组成，比如尖晶石（[Mg,Fe][Al,Cr]$_2$O$_4$）、黄长石（Ca$_2$[Al,Mg][(Si,Al)SiO$_7$]）、透辉石和钙长石等（图 3.7），而球粒主要由橄榄石和辉石组成。

图 3.6　碳质球粒陨石（NWA 2086，CV3 型）中的球粒和难熔包体（箭头所指）

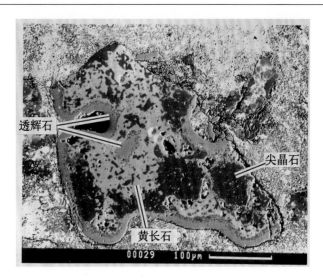

图 3.7　宁强碳质球粒陨石中不规则型状的难熔包体（电子显微镜照片）

主要由尖晶石、黄长石、透辉石等难熔矿物组成

下面就详细介绍各类碳质球粒陨石的鉴定标准。

（1）CI 型。这类陨石极其罕见，全世界仅存 9 块，5 块为目击陨石，4 块在南极发现。CI 碳质球粒陨石在成分上是最原始的陨石，它们的化学成分最接近太阳系的化学成分，常被用来代表太阳系的平均组分。CI 型碳质球粒陨石在母体中经历了高度的流体蚀变，很多矿物颗粒被严重水化，主要由非常细小的含水层状硅酸盐基质组成（> 95%），不含球粒和难熔包体（图 3.8），仅剩余少量橄榄石和辉石颗粒，可能是球粒经水蚀变后剩下的残余矿物颗粒；橄榄石的成分变化范围较大，Fa 值为 0～43，但大多数橄榄石的 Fa 值小于 2；辉石以低钙辉石（Wo_{0-3}）为主，Fs 值大多为 5～6。CI 碳质球粒陨石的岩性极其脆弱，手指轻轻触碰都会使样品破碎，在自然界条件中极易被风化破碎，因此很难保存，这也是除了南极冰盖地区外再也没有发现 CI 球粒陨石的原因。因为罕见，所以就不需要了解太深，在日常的陨石鉴定工作中是不大可能会遇到 CI 碳质球粒陨石的。

（2）CM 型。这类陨石在小行星母体中也经历过较为严重的水蚀变，内部含有大量含水层状硅酸盐基质矿物（55%～85%），几乎不含铁镍金属矿物。水蚀变程度没有 CI 型碳质球粒陨石那么高，所以内部还剩少量残余球粒（大小 0.2～0.5 毫米），有时还能找到难熔包体，基质中分布有残留的橄榄石和辉石矿物颗粒，岩石类型大多数为 2 型，少数（约 10%）为 1 型。橄榄石的成分变化范围是 Fa_{1-5}，且大多数 Fa<1；辉石的铁辉石指数也很低，大多小于 10，Fs 平均值小于 2，低钙辉石成分范围是 Fs_{1-10}。最著名的 CM 碳质球粒陨石是 1969 年 9 月 28 日陨落在澳大利亚的 Murchison 陨石（图 3.9），总质量超过 100 千克。科学家在其中发现

了很多种地外有机物，包括氨基酸、脂肪烃、芳香烃、富勒烯、羧酸、羟基酸、嘌呤类和嘧啶类、醇类、磺酸和膦酸等。有些有机物对追溯地球生命起源有重要的指导意义，非常珍贵。最近一次目击 CM 型碳质球粒陨石是 2019 年 4 月 23 日陨落在哥斯达黎加的阿瓜斯萨卡斯（Aguas Zarcas）陨石，收集到了几百块小碎片，总质量为 27 千克，其中一块主体质量为 1.8 千克。

图 3.8　CI 型碳质球粒陨石（Orgueil）

图 3.9　CM2 型碳质球粒陨石（Murchison）

断面上球粒清晰可见

（3）CO 型。这类陨石很原始，大多数的岩石类型介于 3.0～3.7，与 3 型普通球粒陨石极为相似（图 3.10）。重要的矿物岩石学特征包括：①富含大量（35%～45%）微小的球粒（平均直径 150 微米左右）；②大多数球粒中包含金属矿物颗粒；③陨石中难熔包体的含量较高（10%）；④基质矿物的比例相对较低（35%～45%）。其细粒基质中含有大量橄榄石和辉石颗粒（8%），橄榄石成分变化范围很大，为 Fa_{1-60}；低钙辉石的成分变化范围较小，是 Fs_{1-10}。斜长石（An_{60-90}）也出现在球粒中。

图 3.10　CO3 型碳质球粒陨石（NWA 8715）

（4）CV 型。CV 是比较常见的碳质球粒陨石，岩石类型以 3 型为主（图 3.11），包含有大量的球粒和难熔包体（40%～50%），难熔包体的大小在毫米到厘米级别，球粒较大（平均直径 1.0 毫米），细粒基质占 30%～50%。陨石中橄榄石成分变化范围很大，Fa 为 0～45，但大多数小于 10。最著名的 CV 型碳质球粒陨石是 1969 年 2 月 8 日陨落在墨西哥的 Allende 陨石（CV_{Ox}），总质量超过了 2000 千克。Allende 陨石中的橄榄石平均成分为 Fa_8，辉石以低钙辉石为主，低钙辉石成分为 Fs_{1-10}。斜长石富钙，为 An_{80-90}。CV 型陨石还可以细分为两类：还原型（CV_R）和氧化型（CV_{Ox}）。主要的依据是陨石中铁镍金属矿物与磁铁矿的比例以及铁镍金属矿物和硫化物中 Ni 含量高低。

（5）CK 型。CK 型碳质球粒陨石很特别，与其他碳质球粒陨石在岩石学特性上有明显的差别（图 3.12 和图 3.13）。大多数 CK 型碳质球粒陨石受热变质程度较高，岩石类型主要分布在 4～6 型，5 型最多，3 型 CK 型碳质球粒陨石相对较少。

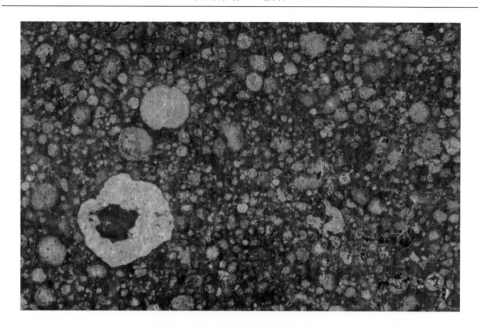

图 3.11　CV3 型碳质球粒陨石切片

分布有众多大小不同、外形轮廓清晰的圆形球粒，左下角灰白色圆形物为难熔包体，直径达 1 厘米

图 3.12　CK3 型碳质球粒陨石（NWA 11007）切片

基质矿物颗粒细小，球粒轮廓清晰

图 3.13　CK6 型碳质球粒陨石（NWA 10040）切片

基质矿物颗粒粗大，残余球粒依稀可见，但不含金属矿物

它们的岩石学特性包括：①基质含量高；②热变质程度较高，岩石类型大多是 5 型；③球粒较大（0.7～1.0 毫米），以斑状球粒为主；④不含金属矿物颗粒；⑤硫化物中镍含量较高；⑥磁铁矿含量较高且显示钛铁矿和尖晶石出熔现象；⑦难熔包体含量偏少。CK 碳质球粒陨石中的橄榄石成分变化很大，为 Fa_{29-33}，长石成分的变化范围也很大为 An_{45-78}，低钙辉石成分为 Fs_{22-29}。CK6 型碳质球粒陨石（图 3.13）中橄榄石成分 Fa 为 30，Fe/Mn = 100，富含镍（NiO 为 0.4%）；硫化物富镍；辉石成分 Fs 为 27，Fe/Mn = 80；长石成分变化范围大，为 An_{30-70}；磁铁矿富含铬（Cr_2O_3 为 5%）；内部结构多为重结晶结构，以橄榄石为主要矿物，金属矿物颗粒匮乏。

（6）CR 型。CR 碳质球粒陨石是一组更为特殊的球粒陨石（图 3.14 和图 3.15），岩石类型变化范围最广，1～7 型都有。绝大多数为 2 型（167 块），有一块 1 型（GRO 95577），一块 3 型（NWA 12474），三块 6 型，甚至还有两块 7 型。2 型 CR 碳质球粒陨石的基质（40%～70%）高度水化，含有大量含水层状硅酸盐、碳酸盐、磁铁矿、硫化物等，难熔包体较少，但球粒较大（平均直径 1.0 毫米），铁镍金属颗粒较多（7%）且主要分布在球粒中，橄榄石中 Cr_2O_3 含量较高（约 0.5%），橄榄石成分变化很大，Fa 为 0～70，但大多数小于 5；辉石以低钙辉石为主，铁辉石指数低，为 Fs_{1-7}，Fs 峰值 <4，但少数辉石的铁辉石指数可

高达 60；长石成分变化范围也很大：An_{28-99}。6 型以上 CR 碳质球粒陨石有时也被称作原始无球粒陨石，它们具有典型的火成岩结构，球粒匮乏，以橄榄石和低钙辉石为主要矿物，次要矿物包括长石、铁纹石和陨硫铁等。铁橄榄石指数 Fa 为 29～38，Fe/Mn 为 64～90；低钙铁辉石指数 Fs 为 23～30，Fe/Mn 为 40～60；斜长石成分范围：An 15～50。这类陨石与 CR 型球粒陨石只是在氧同位素组成上有关联，其他特性如矿物化学、岩石结构、微量元素地球化学，都迥然不同，有学者认为它们不是源于同一个母体，建议设立一个新的陨石类型 Tafassassetites，其中包括 Tafassasset、NWA 3250、NWA 11112、NWA 12869、NWA 12455 和 NWA 011等。CK6 和 CR6 碳质球粒陨石的主要矿物（橄榄石、辉石和长石）化学成分类似，它们之间的差别在于橄榄石的微量元素成分不同，前者富镍，后者富铬；另外一个特征就是 CR6 含有少量铁镍金属矿物颗粒（图 3.15），而 CK6 则基本不含金属矿物颗粒；最主要的差别还是氧同位素和铬同位素组成的不同（图 4.11）。

（7）CH 型。这组碳质球粒陨石的岩石学特性是铁镍金属颗粒含量特别高（20%），内部球粒很细小（平均直径只有 20～90 微米），且大多数为隐晶质球粒（图 3.16），基质矿物缺失，但有高度水化的岩屑出现；橄榄石成分为 Fa_{1-36}；低钙辉石成分为 $Fs_{<10}$。

图 3.14　CR2 型碳质球粒陨石（NWA 11353）

切面上显示众多球粒

图 3.15　CR6 型碳质球粒陨石（NWA 11112）

切面上呈现众多细小金属颗粒，但球粒匮乏

图 3.16　CH3 型碳质球粒陨石（SaU 290）

金属含量较高

（8）CB 型。这也是一组非常特殊的碳质球粒陨石，高度还原，其中的铁镍金属颗粒含量比 CH 型还要高（60%～80 %）（图 3.17），铁橄榄石和铁辉石指数很低，橄榄石成分为 $Fa_{1.3-4.5}$；低钙辉石成分为 $Fs_{2-4.5}$。

图 3.17　CB3 型碳质球粒陨石（Gujba）

金属矿物含量极高，切面上可见众多金属球粒

3. 顽辉球粒陨石

顽辉球粒陨石是一组还原程度极高的球粒陨石，内部含有大量金属矿物颗粒，并含有特征矿物陨硫钙矿（Oldhamite，CaS），这种矿物地球上没有，在其他类型的陨石中也很罕见。陨硫钙矿易溶于水、极易风化，因此，顽辉球粒陨石样品需要保存在干燥条件中。顽辉球粒陨石可分为两类：EH 型（铁含量高）和 EL 型（铁含量低）。1976 年 9 月 13 日陨落在贵州清镇境内的清镇陨石就是 EH3 型顽辉球粒陨石，是目前世界上收集到的唯一一块没有经受地球风化作用的高度非平衡型顽辉球粒陨石，科学内涵极其丰富，科研价值十分珍贵。

（1）EH 型。铁橄榄石和铁辉石指数极低，橄榄石成分为 $Fa_{<1}$，辉石成分为 $Fs_{<1}$，含有一系列硫化物特征矿物，包括陨硫钙矿（Oldhamite，CaS）、陨硫镁矿

（Niningerite，[Mg,Fe,Mn]S）、硫钠铬矿（Caswellsilverite，$NaCrS_2$）、陨硫铁铜钾矿（Djerfisherite，$K_6Na[Fe,Cu,Ni]_{25}S_{26}Cl$），金属矿物颗粒含量很高（30%～35%），铁纹石很独特，富含硅（Si 1.6%～4.9%）。

（2）EL 型。铁橄榄石和铁辉石指数极低，橄榄石成分为 $Fa_{<1}$，辉石成分为 $Fs_{<1}$，含有特征矿物，包括陨硫钙矿（Oldhamite，CaS）、陨硫锰矿（Alabandite，[Mn,Fe]S），铁纹石中富含硅（Si 0.2%～1.2%），但要比 EH 型低，金属矿物颗粒含量也相对较低（20%～30%）。

4. R 型球粒陨石

R 型球粒陨石则是一类氧化程度较高的球粒陨石，大多数 R 型球粒陨石经历过不同程度的热变质（岩石类型 > 3.6）；基质含量高（约 50%），不含金属矿物颗粒，主要矿物为橄榄石（60%～75%），铁橄榄石指数较高，为 Fa_{37-40}，橄榄石的另一个特点是 Ni 含量较高（0.1%～0.2%）；高钙辉石成分为 Fs_{9-20}，低钙辉石成分为 Fs_{0-30}；长石成分偏碱性，Ab_{82-87}；R 型球粒陨石的氧同位素组成很特殊，比其他类型陨石要相对富集氧-17 和氧-18。

5. K 型球粒陨石

K 型球粒陨石是一类数量最少的球粒陨石，总共只有四块，一块（Kakangri）是目击陨石，三块（Lea County 002，Lewis Cliff 87232 和 NWA 10085）是发现的。它们的主要特征是：①基质含量高（70%～80%）；②金属矿物含量高（5%～10%）；③还原程度高，铁橄榄石和铁辉石指数很低，Fa < 10, Fs < 10，橄榄石和顽火辉石的成分接近顽辉球粒陨石；④氧同位素组成与 CR 型碳质球粒陨石相似。

球粒陨石的基本特点：①含有球粒，球粒中的主要矿物是橄榄石和辉石；②含有金属矿物颗粒，主要是铁纹石和镍纹石；③球粒陨石中的主要矿物是橄榄石和辉石。这是认识球粒陨石的最基本要求，球粒陨石鉴定和分类的依据就是橄榄石和辉石的化学成分，相对来说比较简单。

随着沙漠和南极猎陨的深入，偶尔会发现一些特殊类型的球粒陨石样品。这些陨石在矿物化学和岩石结构特征上与现有的陨石类型有明显差异，最重要的差别还是氧同位素的组成不同。有人提议增设新的陨石类型，比如 G 型（NWA 5492）和 F 型（NWA 7135）。在学术界，一个新类型的建立最少需要有五块类似的陨石样品，最重要的是还要得到全世界陨石科学家的共识。这是一件非常严肃认真的大事，这也是为什么 G 型和 F 型球粒陨石迟迟没有被"官宣"的原因。在此给出一点忠告：对于普通陨石爱好者来说，不要期望着自己轻而易举地就能发现一个陨石新品种，还特别执着地去验证自己的"科学大发现"，到处找人作鉴定、做分析，最终的结果只会是徒劳。有道是：闻道有先后，术业有专攻，如是而已。专业的事还是留给专业人士去做吧，普通爱好者应常抱有一颗平常心，理性收藏陨石，不要去钻牛角尖，这样容易走火入魔。

3.2　无球粒陨石

无球粒陨石主要由橄榄石、辉石和长石组成，内部没有球粒和铁镍金属矿物，在岩石结构上与地球超基性岩和基性岩非常相似。因此，无球粒陨石的鉴定工作比球粒陨石要困难许多，常常需要利用电子探针等高精尖仪器设备。

1. 顽辉无球粒陨石（Aubrite）

顽辉无球粒陨石与顽辉球粒陨石的矿物组合非常相似，只是内部没有球粒，具有火成岩结构，内部矿物颗粒粗大，外观发灰白色（图 3.18）；Aubrite 中铁镍金属矿物含量偏低，只有 0.7%，但是金属矿物与顽辉球粒陨石相似，也富含 Si（0.12%～2.44%）。铁橄榄石和铁辉石指数极低，橄榄石成分为 $Fa_{<0.1}$；低钙辉石成分为 $Fs_{0.1-1.2}$；长石成分偏碱性为 An_{2-24}；顽辉无球粒陨石也含有特征矿物：陨硫钙矿（Oldhamite，CaS）。

图 3.18　顽辉无球粒陨石（Cumberland Falls，目击陨石）

2. 橄辉无球粒陨石（Ureilite）

在岩性上属于超基性岩，与地球地幔的岩石性质很相似。橄辉无球粒陨石中的主要矿物是橄榄石和辉石，呈现完好的火成结晶结构；铁橄榄石指数较低，为 Fa_{2-26}，Fe/Mn 原子摩尔比值为 17～36；低钙辉石成分为 Fs_{13-25}，Fe/Mn 的原子摩尔比值为约 20；橄榄石和辉石矿物颗粒常呈现还原反应边，铁含量明显低于核心部分；橄辉无球粒陨石含有特征矿物：石墨和钻石（图 3.19）。

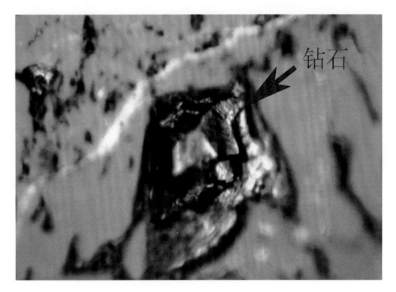

图 3.19　橄辉无球粒陨石中包含细小的钻石颗粒（微米级别大小）

3. 钙长辉长无球粒陨石（Eucrite）

这类陨石是最常见的无球粒陨石（图 3.20）。主要由辉石和长石组成，与地球上的火山玄武岩很相似，具有典型火成辉绿结构。低钙辉石成分为 Fs_{48-68}，Fe/Mn 原子摩尔比值为 25～38；长石成分富钙为 An_{64-98}。不含橄榄石矿物。

4. 紫苏辉石无球粒陨石（Diogenite）

紫苏辉石无球粒陨石（图 3.21）与地球上的辉岩很相似，以低钙辉石为主要矿物。低钙辉石成分为 Fs_{20-34}，Fe/Mn 原子摩尔比值为 26～38；含少量橄榄石和长石。橄榄石成分为 Fa_{28-39}，Fe/Mn 原子摩尔比值为 44～59；长石成分为 An_{61-90}。

5. 古铜钙长无球粒陨石（Howardite）

主要是由钙长辉长无球粒陨石和紫苏辉石无球粒陨石的岩石碎屑混合组成（图 3.22）。橄榄石成分为 Fa_{27-44}，Fe/Mn 原子摩尔比值为 44～59；低钙辉石成分为 Fs_{14-79}，Fe/Mn 原子摩尔比值为 25～38；长石成分为 An_{73-96}。

图 3.20　钙长辉长无球粒陨石（NWA 10042）的切片

图 3.21　紫苏辉石无球粒陨石切片（马子川目击陨石）
绿色的是紫苏辉石晶体

　　古铜钙长无球粒陨石（Howardite）、钙长辉长无球粒陨石（Eucrite）和紫苏辉石无球粒陨石（Diogenite）合称 HED 无球粒陨石，它们是来自 4 号小行星——

图 3.22　古铜钙长无球粒陨石（NWA 11003）

灶神星的岩石样品，已经在 2011 年被美国"黎明"号太空飞船的探测结果证实了。

6. 钛辉无球粒陨石（Angrite）

具中粒到粗粒（晶体大小为 2～3 毫米）火成岩结构（图 3.23），岩相上是玄武质的基性火成岩，主要由高钙辉石（Fs_{12-50}）、橄榄石（Fa_{11-66}）和钙长石（An_{86-100}）组成。钛辉无球粒陨石的最重要特征就是主要硅酸盐矿物都富含钙，橄榄石中 CaO 含量可高达 30%，一般都在 1%以上，Fe/Mn 原子摩尔比值为 60～90；辉石也高度富钙（Wo 为 50～55），Fe/Mn 原子摩尔比值为 70～120；长石也极度富钙，接近纯钙长石。

7. 橄榄古铜无球粒陨石（Acapulcoite-Lodranite）

Acapulcoite-Lodranite 是一类原始无球粒陨石，矿物化学和物理性质很相似，只是在岩相上有微小差别，一般被认作是同一类陨石（图 3.24）。Acapulcoite 以斜方辉石为主要矿物，附带有橄榄石、铁镍金属矿物、陨硫铁和铬铁矿，晶粒大小为 0.2～0.4 毫米；Lodranites 以橄榄石为主要矿物，晶粒大小为 0.5～1.0 毫米。矿物化学成分介于 E 型和 H 型球粒陨石之间。主要矿物有橄榄石（Fa_{3-16}，Fe/Mn 原子摩尔比值为 12～31）、低钙辉石（Fs_{1-15}，Fe/Mn 原子摩尔比值为 9～17）、高

图 3.23　钛辉无球粒陨石（D'Orbigny）

图 3.24　橄榄古铜无球粒陨石（NWA 8652，Acapulcoite）

灰白色颗粒为铁镍金属矿物

钙辉石（Fs_{3-8}，Fe/Mn 原子摩尔比值为 10～14）和长石（$An_{8-32}Ab_{68-86}$）；次要矿物为铁镍金属和陨硫铁。岩石结构以等粒状麻粒火成结构为主。

8. 橄榄石无球粒陨石（Brachinite）

具有中粒到粗粒的火成结构。岩相上接近地幔橄榄岩，主要由橄榄石（79%～95%）组成，附带少许高钙辉石（$Wo_{\sim45}$）（3%～15%），外加少量长石（0～10%），主要矿物之间普遍存在三叉晶界结构（triple junctions）；主要矿物成分：橄榄石（$Fa_{27\text{-}35}$，Fe/Mn 原子摩尔比值为 52～82）、高钙辉石（$Fs_{9\text{-}14}$，Fe/Mn 原子摩尔比值为 24～45）、低钙辉石（$Fs_{22\text{-}30}$，Fe/Mn 原子摩尔比值为 30～70）和长石（$An_{22\text{-}36}Ab_{68\text{-}76}$），主要硅酸盐矿物的铁指数较高，橄榄石的钙含量较高（CaO 含量为 0.08%～0.3%）；次要矿物有斜方辉石、铬铁矿、陨硫铁、磷酸盐和铁镍金属矿物（图 3.25）。Brachinite 在早期研究工作中被人误认为火星陨石 Chassignite，它们都是富含橄榄石的超基性岩，但是 Brachinite 和 Chassignite 在结晶年龄上有很大差别，前者很古老，接近太阳系的年龄 45.6 亿年，后者只有十几亿年。另外，氧同位素组分也不一样，Brachinite 位于地球分馏线以下，Chassignite 在地球分馏线以上。

图 3.25　橄榄石无球粒陨石（NWA 3151）

9. 辉石无球粒陨石（Winonaite）

主要由细粒到中粒的橄榄石和辉石组成的火成麻粒结构岩石。化学成分接近球粒陨石，但是缺少球粒，且具有火成结晶岩石结构，矿物化学与 Acapulcoite-Lodranite 相似，主要矿物的化学成分介于 E 型和 H 型球粒陨石之间，还原程度高；橄榄石（Fa$_{1-8}$，Fe/Mn 原子摩尔比值为 6～15）、低钙辉石（Fs$_{1-9}$，Fe/Mn 原子摩尔比值为 1～8）、高钙辉石（Fs$_{2-9}$）和钠长石（An$_{10-23}$Ab$_{76-85}$）；次要矿物为铁镍金属矿物、硫化物、磷化物和石墨（图 3.26）。含有特征副矿物陨硫锰矿（Alabandite，MnS）、陨硫铁铬矿（Daubreélite，FeCr$_2$S$_4$）、陨磷铁矿（Schreibersite，Fe$_3$P）；Winonaite 在岩相上和氧同位素组成上与 IAB 铁陨石中的硅酸盐包体非常相似。Winonaite 与 Acapulcoite-Lodranite 的矿物岩石学特征非常相似，但是氧同位素组成不同（参见图 3.29）。

图 3.26　辉石无球粒陨石（HaH 193）

10. 月球陨石

　　月球陨石分为四类，高地斜长岩（Highland anorthosite）、月海玄武岩（Mare basalt）、冲击混合碎屑岩（Impact breccia）、克里普岩（Kreep）（图 3.27）。主要矿物有橄榄石（Fe/Mn 原子摩尔比值约 105）、辉石（Fe/Mn 原子摩尔比值约 70）、钙长石（An$_{>90}$）和钛铁矿。其实，对月球陨石的鉴定还是比较容易的，只要测试橄榄石和辉石的铁锰比和长石的钙指数和钾指数，并不一定需要做氧同位素分析。

11. 火星陨石

　　火星陨石也可分为四类，辉熔长无球粒陨石（Shergottite）、透辉橄无球粒陨石（Nakhalite）、纯橄无球粒陨石（Chassignite）和斜辉无球粒陨石（Orthopyroxenite）（图 3.28）。主要矿物有橄榄石（Fe/Mn 原子摩尔比值约 45）、辉石（Fe/Mn 原子摩尔比值约 35）和长石（An$_{\sim40-65}$）。火星陨石的鉴定也比较容易，只要测试其中

图 3.27　月海玄武岩陨石（NWA 10597）的切片

白色针状矿物为长石

图 3.28　西北非火星陨石切片（Shergottite）

原石样见封面照片

橄榄石和辉石的 Fe/Mn 原子摩尔比值及长石的钙长石指数和钾长石指数就可以了，并不一定需要做氧同位素分析。当然，有氧同位素分析数据就更可靠了。

　　橄榄古铜无球粒陨石（Acapulcoite-Lodranite）和辉石无球粒陨石（Winonaite）在矿物化学和岩石结构上非常相似，它们都具有无球粒陨石的岩石结构，但又接近于球粒陨石的化学组成，常被称作原始型无球粒陨石（Primitive Achondrites），它们的一个共同特点是都含有铁镍金属矿物，但没有球粒。橄榄古铜无球粒陨石（Acapulcoite-Lodranite）和辉石无球粒陨石（Winonaite）只能通过氧同位素组成分析才能区分出来（图3.29）。

　　玄武质月球陨石、火星陨石和钙长辉长无球粒陨石与地球火山玄武岩在岩石结构和矿物组合上非常相似，主要矿物都是辉石和长石。它们的主要差别是矿物化学成分和微量元素含量，比如辉石的 Fe/Mn 原子摩尔比值不同（钙长辉长无球粒陨石<火星陨石<地球玄武岩<玄武质月球陨石），长石的钾、钠、钙含量不同。更重要的特征是它们的氧-17 和氧-18 的同位素组成不同（图 3.29）。火星陨石位于地球分馏线以上，月球陨石与地球分馏线重合，而钙长辉长无球粒陨石则落在地球分馏线以下。

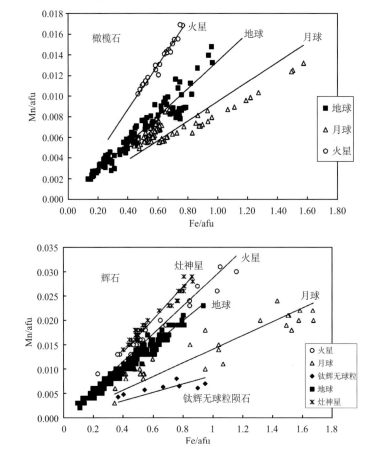

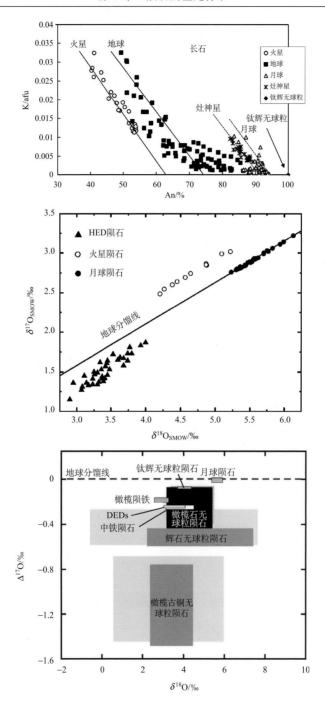

图 3.29　月球、火星、HED 陨石的矿物化学成分和氧同位素组成的特征

Mn /afu、Fe /afu、K/afu 是矿物中 Mn、Fe、K 的单位原子摩尔数；An/% 是长石的钙长石指数（上）；橄榄古铜无
球粒陨石（Acapulcoite-Lodranite）和辉石无球粒陨石（Winonaite）的氧同位素组成特征（下）

　　无球粒陨石的基本特点：①无球粒陨石中的主要矿物是橄榄石、辉石和长石，没有球粒，与地球上的超基性岩和基性岩很相似；②无球粒陨石的鉴定和分类相对来说比较复杂，不仅需要测试橄榄石、辉石和长石的主要化学元素的成分，还需要测试微量元素的成分（如锰和钾）；③有时还需要测试其氧同位素组成（图3.29）。

3.3　石 铁 陨 石

　　石铁陨石由大致等份量的硅酸盐矿物和铁镍金属矿物混合组成。

1. 橄榄陨铁（Pallasite）

　　橄榄陨铁主要由大颗粒橄榄石晶体和铁镍金属矿物混合组成（图 3.30）。橄榄石成分为 Fa_{8-30}，Fe/Mn 原子摩尔比值为 35～61；低钙辉石成分为 Fs_{8-17}，Fe/Mn 原子摩尔比值为 13～33；铁纹石（Ni 5%～7%）、镍纹石（Ni 20%～65%）。

图 3.30　阿根廷的 Esquel 橄榄陨铁切片

黄绿色部分是橄榄石晶体，银灰色部分是铁纹石和镍纹石

2. 中铁陨石（Mesosiderite）

中铁陨石由类似于 HED 无球粒陨石的岩石碎片和铁镍金属矿物混合而成（图 3.31）。橄榄石成分为 Fa_{28-43}，Fe/Mn 原子摩尔比值为 36～46；低钙辉石成分为 Fs_{15-33}，Fe/Mn 原子摩尔比值为 16～35；长石成分为 An_{88-99}；铁纹石（Ni 5%～7%）、镍纹石（Ni 20%～65%）。1995 年 9 月 7 日，内蒙古锡林郭勒盟东乌珠穆沁旗陨落了一块罕见的中铁陨石，是全世界仅有的 7 块目击中铁陨石之一。

图 3.31　内蒙古东乌珠穆沁旗中铁陨石切片
银灰色为铁镍金属矿物，灰黑色为硅酸盐岩石碎屑

石铁陨石的基本特点：主要矿物是橄榄石、辉石、长石和金属矿物（铁纹石和镍纹石），地球上没有类似的岩石，鉴定和分类相对来说比较容易。

3.4　铁　陨　石

铁陨石是由铁纹石和镍纹石两种主要金属矿物混合而成的岩石。

铁陨石的特征矿物主要有铁纹石（Ni 5%～7%）、镍纹石（Ni 20%～65%）、陨硫铁（FeS）、陨磷铁矿（$[Fe,Ni]_3P$）、陨碳铁镍矿（$[Fe,Ni]_{23}C_6$）等。

铁陨石按内部结构可分为六面体铁陨石、八面体铁陨石（极粗粒、粗粒、中粒、细粒、极细粒和过渡体八面体铁陨石）和富镍无结构铁陨石（图 3.32，表 3.1）。

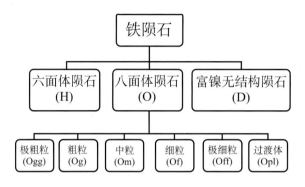

图 3.32　铁陨石的结构分类图

表 3.1　铁陨石的结构分类

铁陨石结构分类		符号	镍含量/%	铁纹石带宽/mm	陨石实例
六面体		H	4.1～5.8		Coahuila
八面体	极粗粒	Ogg	5.0～9.0	>3.3	Sikhote-Alin
	粗粒	Og	6.5～8.5	1.3～3.3	南丹铁陨石
	中粒	Om	7.0～13.0	0.5～1.3	新疆铁陨石
	细粒	Of	7.5～13.0	0.2～0.5	Gibeon
	极细粒	Off	13.0～17.0	< 0.2	Tazewell
	过渡体	Opl	16.0～18.0	八面体陨石与富镍无结构陨石之间的过渡体	Taza
富镍无结构		D	16.0～26.0		Hoba

铁陨石按化学成分（Ni 和亲铁微量元素的含量）可分为：IAB、IC、IIAB、IIC、IID、IIE、IIF、IIG、IIIAB、IIICD、IIIE、IIIF、IVA、IVB 和未分类型等十几种化学类群（表 3.2，图 3.33）。

表 3.2　铁陨石化学类群分类的主要化学参数（亲铁微量元素的含量）

化学类群	铁纹石带宽/mm	结构类型	Ni/(mg/g)	Ga/(μg/g)	Ge/(μg/g)	Ir/(μg/g)
IA	1.0～3.1	Om-Ogg	64～87	55～100	190～520	0.6～5.5
IB	0.01～1.0	D-Om	87～250	11～55	25～190	0.3～2.0
IC	<3.0	Anom,Og	61～68	49～55	212～247	0.07～2.1
IIA	>50.0	H	53～57	57～62	170～185	2～60
IIB	5.0～15.0	Ogg	57～64	46～59	107～183	0.01～0.5
IIC	0.06～0.07	Opl	93～115	37～39	88～114	4～11
IID	0.4～0.9	Of-Om	98～113	70～83	82～98	3.5～18
IIE	0.1～2.0	Anom	75～97	21～28	60～75	1～8
IIF	0.05～0.21	D-Of	106～140	9～12	99～193	0.8～23
IIG	>3.3	H-Ogg	41～49	33～45	37～63	0.013～0.15
IIIA	0.9～1.3	Om	71～93	17～23	32～47	0.17～19
IIIB	0.6～1.3	Om	84～105	16～21	27～46	0.01～0.17
IIIC	0.2～0.4	Off-Of	100～130	11～27	8～70	0.07～0.55
IIID	0.01～0.05	D-Off	160～230	1.5～5.2	1.4～4.0	0.02～0.07
IIIE	1.3～1.6	Og	82～90	17～19	34～37	0.05～6
IIIF	0.5～1.5	Om-Og	68～78	6.3～7.2	0.7～1.1	1.3～7.9
IVA	0.25～0.45	Of	74～94	1.6～2.4	0.09～0.14	0.4～4
IVB	0.006～0.03	D	160～260	0.17～0.27	0.03～0.07	13～38

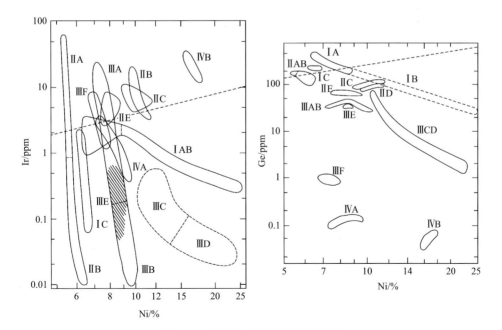

图 3.33　铁陨石的化学类群分类图

铁陨石的鉴定工作比较容易，只需要从样品上切取一小片样品，打磨抛光，再用 10%的硝酸腐蚀，切面中如果出现维氏台登构造就可以确认为铁陨石了（图 3.34）。但是铁陨石的化学分类工作很复杂，需要测试样品中镍含量和亲铁微量元素（如 Ga、Ge、Ir、Pt、Au 等）的含量才能确定，这样的分析工作非常复杂烦琐，目前国内很少有实验室能做这类分析工作，所以铁陨石的分类工作就没有像其他陨石那么方便、容易。全世界最权威的铁陨石分类工作学者是加州大学洛杉矶分校的 John T. Wasson 教授，铁陨石的化学分类体系就是他创建的。可惜 Wasson 教授最近刚刚仙逝，以后再也不能帮助"星友"做铁陨石的化学分类工作了。

图 3.34　新疆阿勒泰铁陨石的维氏台登构造

我国新疆铁陨石（图 3.35）中的主要矿物为铁纹石，约占 90%，其次为镍纹石及由细粒铁纹石和镍纹石组合的合纹石，还有少量陨磷铁矿、陨硫铁矿、陨碳铁镍矿等，在结构上属于中粒八面体铁陨石，在化学类型上属于异常型 IIIE 群铁陨石。

本章详细叙述了各类陨石的矿物岩石学特征以及鉴定标准，这部分内容非常专业，需要大量矿物学、岩石学、微量元素和同位素地球化学的基础知识，没有三四年的大学本科专业培训基础是很难入门的。虽然本书做了高度简化，但读者看不懂还是很正常，普通爱好者只要了解就行了，不必深究。这些是陨石科研人员在日常工作中鉴定陨石的标准，也是陨石科学研究工作的基础。需要说明的是，

图 3.35　新疆铁陨石，重 28 吨，是世界第五大陨石

陨石的鉴定工作并不难，难的是做科学研究，去解决科学问题。陨石的鉴定对于
科研人员来说是一件非常简单和平凡的工作，借助科学仪器设备，所有陨石都能
被鉴定出来，没有鉴定不出来的陨石样品。不要轻易质疑科学家的能力和判断力，
不要"臆想"着自己的收藏品是稀有罕见的陨石新品种，科学家也无法鉴别出来。
所以在平时当你的"藏品"被科研部门否定的时候，你就要理性地接受事实，不
要再想入非非、难以自拔；不要再抱着幻想，拿着样品，到处找人做分析鉴定。
这样的结果只会是徒劳，走火入魔，更容易上当受骗。

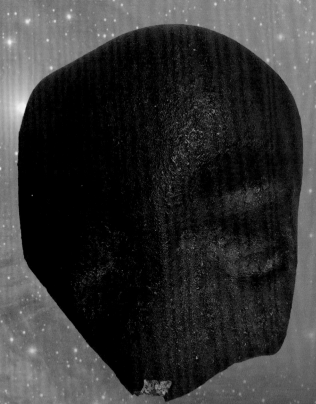

藏品题名：外星人
国际命名：曼桂
陨石类型：目击普通球粒陨石
发现地：中国云南
规格：5.8 厘米 ×4.2 厘米 ×5.3 厘米
质量：248.2 克
收藏人：浙江绍兴 林东祥

藏品题名：中国地图
国际命名：Compo del Cielo
陨石类型：铁陨石
发现地：阿根廷
规格：46 厘米 ×22.3 厘米 ×36 厘米
质量：39.6 千克
收藏人：浙江绍兴 林东祥

藏品题名：沙漠之秋
国际命名：Gebel Kamil
陨石类型：富镍铁陨石 UNG Iron
发现地：埃及新河谷省
发现时间：2009 年
规格：22 厘米 ×18 厘米 ×7.8 厘米
质量：7.53 千克
收藏单位：云南文山 星客隆陨石科普馆

藏品题名：迷你小恐龙
国际命名：Dronino
陨石类型：富镍铁陨石 UNG Iron
发现地：俄罗斯
发现时间：2000 年
规格：17.8 厘米 ×8 厘米 ×6.5 厘米
质量：1.7 千克
收藏人：云南文山 李林娥

第 4 章　陨石的鉴定方法

　　第 3 章介绍了各种陨石的矿物化学特征和岩石学特性，根据这些科学数据，我们就可以顺利地开展陨石的鉴定和分类工作；但对于普通爱好者来说，这些都是遥不可及的，他们没有机会进入科研院所去分析测试自己的收藏品，如何从样品的外部特征来初步判断是陨石还是地球岩石，这是本章的主要内容。

　　谈到鉴别陨石，很多"星友"首先想到的是"熔壳"和"气印"。这是陨石收藏界永恒的主题，但是真正能准确认识"熔壳"和"气印"的爱好者并不多。这是需要通过观察各种陨石的表面特征，长年累月才能积累下来的技能，仅从书本和网络上获得知识是远远不够的。保存完好的陨石表面常有一层黑色的熔壳，气印也明显，比较容易鉴别（图 4.1 上左）。但是在日常收藏工作中，这样的陨石

图 4.1　陨石鉴赏中的"熔壳"和"气印"

西北非沙漠陨石，表面熔壳和气印保存完好（上左）；山东鄄城陨石，表面气印保存完好，熔壳部分风化（上右）；湖北府河陨石，表面熔壳完全消失，气印部分保留（下左）；罗布泊库木塔格 012 沙漠陨石，表面熔壳和气印已完全消失（下右）

极少，大多数陨石降落地球后，在地表经受风吹雨打，表面的熔壳和气印随着时间逐渐退化（图4.1上右，下左），直至完全消失，表面特征不明显（图4.1下右），很难通过目测来判别。由于缺乏经验，很多初学者常把地球岩石表面黑色的风化层误当成熔壳，把表面磨蚀的凹坑错认为是气印，往往看什么石头都像陨石，误入歧途，甚至导致经济损失。只有当爱好者能够准确识别陨石的"熔壳"和"气印"时，才算是真正入门，可以称作资深"星友"了。本章引用了一篇由陨石爱好者发表在网络上介绍陨石"熔壳"和"气印"的文章，以飨读者。

细解陨石"熔壳"（作者：刘雨桥）[①]

熔壳——正确读音（róng qiào）。

1. 熔壳的重要性

熔壳是认定陨石的重要前提，陨石猎人在寻找陨石的过程中，首先会根据岩石的色泽对陨石做出判断。在所有发现的陨石中，石陨石占比高达97%左右，剩余为铁陨石和石铁陨石。这么多的石陨石被发现的首要原因就是它们具有的黑色熔壳，因此我们很有必要对熔壳作详细的介绍。

石铁陨石和铁陨石外观具有明显的铁锈色，且有较强的磁性，容易被辨认，但本文只谈石陨石。

---

① 文中图片部分来自网络，其余由刘雨桥提供。

2. 熔壳的形成

熔壳一般专门被用来形容陨石的外壳。熔是指高温熔融，壳是指外部包裹壳体。熔壳顾名思义，就是熔融后结晶的壳。

陨石的熔壳是陨石在穿越大气层过程中形成的。高速坠落的陨石将其飞行前端的空气高度压缩，并与之摩擦产生高压高温，使陨石表面物质熔融结晶。陨石坠落的整个熔融过程是从陨石进入地球大气层到落地前发生的。落地前，随着陨石温度降低，外部熔融物质迅速结晶、冷却，形成熔壳。全部熔融时间根据陨石入射地球角度不同，一般会持续数秒至几十秒。

2018 年 6 月 1 日，云南曼桂陨石雨坠落下的众多陨石个体

3. 熔壳的矿物组成和成分

熔壳是由熔融物质迅速冷却后所形成的玻璃质构成，其中的金属铁熔融冷凝后成为磁铁矿，硅酸盐冷凝后则趋向于形成玻璃，熔壳内基本上没有原生矿物。熔壳中的矿物组成和成分主要取决于陨石体中的矿物和熔融的时间、温度等。

4. 熔壳的特征

1）熔壳厚度

陨石熔壳的厚度一般在 0.5 毫米左右，较少超过 1 毫米。这是因为陨石在大气层高速穿行时，整个过程为熔融—气化、剥离—熔融—气化、剥离，反复进行，熔融后的液态物质会不断气化并在气流作用下快速剥离，很少能一直留存，直到陨石在降速、降温的最后阶段生成的熔融物质才能得以冷却结晶形成熔壳，所以熔壳一般比较薄。

陨石熔壳 湖北随州L6

　　陨石熔壳的片状层结构和内部基质分层明显，与地球岩石因受暴晒变色、表皮附着物影响、结核岩石及工业冶炼矿物等陆生矿物，在熔壳厚度、分层界限（熔壳与基质）、色泽方面有着本质的区别。

厚度为0.3毫米的层状熔壳

2）熔壳色泽

新鲜坠落的石陨石熔壳颜色呈黑褐色或棕黑色，基本近似于黑色。大多数发现型陨石，在自然环境中暴露一段时间后，熔壳的完整度和色泽会受风化作用影响，出现变化。新鲜坠落的陨石表面形成的黑色熔壳受风化作用会部分或全部缺失，从而露出内部基质的颜色，略淡于熔壳的色泽；有些长时间暴露于烈日中的陨石还会形成类似于沙漠漆般光泽的油光表面。大多数的陨石经风化（氧化）后，内部的铁镍会泛出铁锈特征，陨石的熔壳也会由最初的黑色变得略微暗红，熔壳中夹杂着星星点点的铁锈红。

新疆土牙 熔壳特征——锈迹

有些陨石长期埋在地表，地表中的各类矿物还会黏结在陨石表面，形成和地表沙土颜色相同的土沁色。土沁色有时也可辅助我们判断陨石的品种。

有个别的无球粒陨石有着黑油光纸般的玻璃质熔壳，不过这类颜色少见，比较特别。

Millbillillie 无球粒陨石的玻璃质熔壳，陨石陨落地的红色土壤侵入了熔壳中

图片来源：
Dirk Hohmann

　　中国境内仅确认了一块 HED 无球粒陨石，就是 2016 年目击陨落的陕西马子川无球粒陨石（见下图），此外尚无报告发现月球陨石和火星陨石。

陕西马子川无球粒陨石

　　数量最多的普通球粒陨石、碳质球粒陨石罕见彩色的熔壳和内部矿物，一般肉眼可见的色泽均是黑白灰。所以当你见到一块带有"彩色"的岩石时，就可以大概率说它不是陨石。

3）熔壳龟裂纹

　　热胀冷缩导致陨石熔壳上出现的细脉状裂纹、裂隙常被浅色矿物填充，发生收缩裂的熔壳常呈现黑底白纹，这种特征常被人称为龟裂纹或收缩裂纹。

陨石熔壳特征——龟裂纹

陨石熔壳特征——龟裂纹

　　形成收缩裂和陨石即将到达地面时的温差有关，在大气层中高速行进的陨石由表面高温熔融状态到低速、低温状态，温差变化（热胀冷缩原理），会使陨石表面发生收缩裂。这种特征并非所有陨石熔壳上都有的，一般只会发生在较为新鲜的陨石表面。它不会出现在没有熔壳的内部基质上。收缩裂和陨石体开裂是有区别的，收缩裂只在熔壳表面横向生成；而陨石体开裂表现为裂纹单一、缝隙大、向内部纵向延伸，一般为振裂或风化应力导致的铁金属转化为赤铁矿的膨胀裂。

布满熔壳的收缩裂纹

陨石内部金属氧化膨胀造成了陨石体开裂

4）定向陨石特征——熔流线

熔流线是定向飞行的陨石的一种熔壳特征。在黑色熔壳的表面可见由某点向四周辐射发散延伸的许多径向凸起的细线条，常被称为熔流线。熔流线的形成原因是陨石坠落时，长时间保持一种与空气流平行逆向的运动姿态。陨石体表面与气流剧烈摩擦时，陨石体表面物质熔融，高速的空气流压力除了会在熔融的陨石表面留下气流的线性痕迹外，熔融的表面物质还会向陨石体的后方压缩流动，聚集后形成包缘（包唇）。

熔流线的宽度和发丝差不多，如山脊般的形态在熔壳表面排列。熔流线并非一条完整的细线，由于陨石内部成分熔点不同，熔融物质不均匀，造成陨石表面略不平整，这种线痕时断时续、高低不平。熔流线遇到凹陷处会消失，通过凹陷后继续存在，当陨石形状变化时，熔流线消失形成包缘。

自然的熔流线和人工雕刻的线条在自然度、精美度、流畅性、随意性、逻辑性等方面有着天壤之别。

黑色熔壳　灰色基质　径向发散的熔流线

陨石熔壳特征——熔流线

5）泡状熔壳

泡状熔壳只有在非常新鲜的陨石表面才能被见到，它是受陨石体表面熔融气化作用产生的。泡状熔壳，形象地说就像煮熟的浓稠稀饭表面形成的那层气泡。当熔融的陨石表面快速冷却结晶后，正在气化尚未逸出的气体、气泡便被封存在熔壳中，形成了泡状熔壳。泡状熔壳常见于定向陨石的后端部分（包缘范围内）。

　　泡状熔壳的结构就像洗衣粉水泡，只是孔径较小（微米计）。泡状熔壳的微孔形态呈圆形或不规则形状。不同陨石熔壳中气孔形态各异，这与陨石体中的气体含量有关，也和熔融程度、气体逸出量、气流运动角度等有关。

定向陨石-前端
有着圆润的表面和边缘

定向陨石-后端
可见包象和泡状熔壳

　　常见的工业矿渣也是经高温熔融的，表面也是灰色的，常被初学者误认为陨石。但是，矿渣没有熔壳，从外到内基本一种色泽；矿渣从外到内有较多的大气孔；矿渣具有不均匀的磁性，这是由于冶炼纯度不高，渣内含铁不均匀。

5. 气印

就像拇指印，它是陨石表面上的印痕，是气流作用的结果。它的形成可能是陨石体穿越地球大气层时，由陨石表面存在的高速扰动热气流形成的旋涡。石陨石与铁陨石相比，气印一般比较浅也相对较少。

陨石熔壳特征——气印

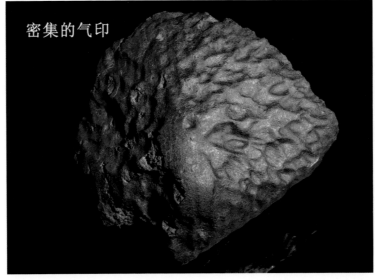

密集的气印

气印专指陨石上的一种熔壳特征，但并不是所有陨石都有气印。气印看上去是凹陷的坑，许多的地球岩石也有类似形状的凹陷，其形成原因多为撞击、水流冲刷或地质变化，因此不是有类似气印的凹坑就可以认定为陨石。

6. 次生熔壳

次生熔壳从形成时间上来说是低空爆炸后形成的，从熔蚀时间来说，相对于高空开始熔融的陨石熔壳，时间较短。陨石在大气层运动时受到冲击波的压力和热应力，多次爆裂。有时一块陨石除了可见光滑的原始表面外，还可看到爆裂后粗糙的断面，它们的颜色深浅不同、光洁度不同。

总的来说，高空产生的熔壳颜色更深、更光洁、熔壳覆盖更全面，且呈更黑的色泽；低空产生的熔壳颜色更浅、更粗糙、熔壳覆盖不均匀呈褐色，像烟熏状。根据碎裂先后顺序，形成的熔壳相应称为初始熔壳、二次熔壳、三次熔壳等。

初始熔壳1和次生熔壳2
不同的色泽不同的光洁度

7. 熔壳的细微特征

由于陨石矿物的熔点不同，熔融程度不均匀，陨石表面细微不平整。熔壳表面常呈现密布细砂粒大小（1 毫米左右，肉眼可见）的疣状凸起；常见细砂粒大小的铁镍金属呈银光泽外露；常见米粒大小或连片的生锈金属锈迹；有时可见细脉状收缩裂、熔流线和气印；陨石落地时的撞击破口等均是熔壳上可以看出的细微特征。

初始熔壳和次生熔壳在色泽和平滑度方面有着明显的区别

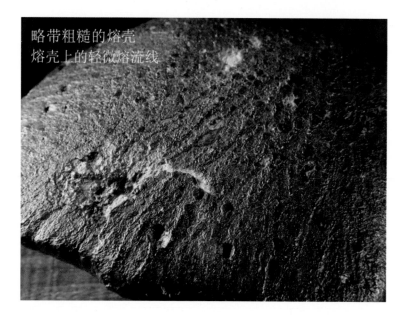

略带粗糙的熔壳
熔壳上的轻微熔流线

1. 灰黑色融壳，2. 灰白色基质，3. 铁的氧化红锈迹，4. 银光色的铁镍颗粒，
5. 细微的缩裂纹，6. 破损的缺口

氧化严重的H群石陨石，熔壳是这样的

　　户外发现陨石，首先进入视野的是岩石色泽。广阔的视野环境下只有不同于环境颜色，不同于岩石颜色的黑色、锈色才会引起猎陨者的兴趣，提高搜寻效率，扩大搜索面积。那些没有黑色泽或斑状锈迹的岩石是不会进入猎陨者视野的。熔壳是判断陨石的首要标准，当你发现了一块黑色或铁锈色的岩石后，再依据以上众多熔壳特征来综合判断是不是陨石。

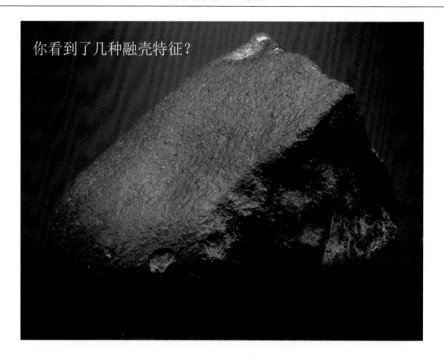

你看到了几种融壳特征？

4.1　简单实用的陨石鉴定方法

看完了"熔壳"和"气印"的介绍，希望读者有所收获，慧眼识陨。那问题来了，如果样品没有"熔壳"和"气印"，又该怎么鉴定、判断呢？下面章节将要介绍一些简单的操作方法来初步鉴别球粒陨石。

陨石中绝大多数都是普通球粒陨石，普通球粒陨石的最大特点是内部包含球粒和铁镍金属矿物。通过简单的样品制备，爱好者也可以借助光学显微镜或者放大镜来初步鉴别球粒陨石。

先切取少量样品，将样品的一面磨平抛光，用环氧树脂（加10%的固化剂）把样品切片粘贴在玻璃薄片上；待环氧树脂固化后，再将样品切片的另一面研磨抛光至30微米厚，光线可以透过样品薄片即可（图4.2）。这样的样品制作过程需要很大的耐心和丰富的经验，读者也可将样品直接送交专业的地质样品检测公司代为加工，费用也不高。再将制备好的玻璃薄片放置在光学显微镜下观测，寻找样品中的球粒和金属矿物（图4.3），也可用高倍的放大镜进行观测。如果发现样品中有球粒和金属矿物，即可送交专业的地质样品检测公司，使用能谱仪或电子探针仪测试样品中橄榄石和辉石的化学成分，参照第2章中介绍的方法，计算出橄榄石和辉石的铁指数和镁指数；最后，测试铁纹石镍纹石的成分，利用分析数据，依据第3章中罗列的标准，确定球粒陨石的类型。

图 4.2　样品粘贴在玻璃薄片上，研磨抛光至约 30 微米厚，可透光即可

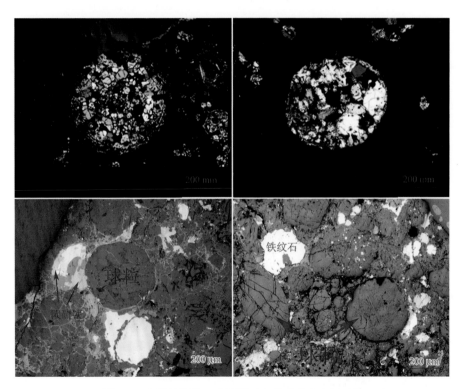

图 4.3　光学显微镜下球粒陨石中的球粒和金属矿物

上左和上右图为正交偏振透射光显微图，圆形硅酸盐球粒显示出各种干涉光颜色；下左和下右图为反射光显微照片，圆形球粒清晰可见，铁纹石要比陨硫铁明亮，后者显淡黄色

　　石铁陨石和铁陨石还可以通过酸腐的方法来简单判别。先将样品切割，然后研磨抛光，光洁度要达到镜面程度，再用 10%硝酸和 90%酒精的混合溶液腐蚀表面。在配置硝酸溶液时要注意硝酸与酒精的混合次序，一定要记住，把硝酸慢慢倒入酒精中，边倒边搅拌，千万不能把酒精倒入硝酸中，这样会爆炸。如果样品被酸腐后出现条纹状维氏台登构造（图 3.34 和图 4.4），即可初步确定为铁陨石，但最终还需要用能谱仪确认，因为有些人造合金中也会出现含磷、含锰金属的条纹（马氏体）（图 5.4），很容易与维氏台登构造混淆。酸腐鉴定方法也有局限性，六面体铁陨石和富镍无结构铁陨石酸腐后就不会出现维氏台登构造。

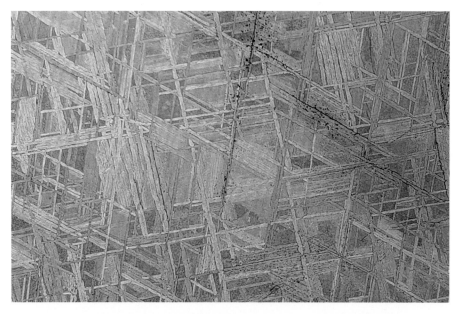

图 4.4　瑞典 Muonionalusta 铁陨石的维氏台登构造（照片由黄传舰提供）

4.2　陨石的科学鉴定方法

　　没有球粒和金属颗粒的陨石样品该如何鉴定？无球粒陨石的鉴定必须通过科学仪器检测，它们与地球岩石极其相似，很难通过外观特征来鉴定。
　　科学的陨石鉴定方法是通过观测样品的内部结构是否有球粒，有没有铁纹石和镍纹石，有没有橄榄石和辉石，它们的化学成分是什么，才最终确定样品是不是陨石。

一般先取少量样品，放入内径为 1 英寸①的模子中，用环氧树脂包裹，固化后经研磨、抛光和喷碳，制作成直径 1 英寸的光片（图 4.5），放入电子显微镜下观测内部结构（图 4.6），寻找球粒、铁纹石和镍纹石（图 4.7），使用能谱仪（图 4.8）测定其中主要矿物（橄榄石和辉石）的化学成分（图 4.9）。

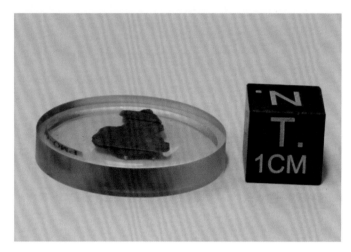

图 4.5　陨石样品制作

先用树脂包裹，制作成直径 1 英寸的光片，再经研磨、抛光和喷碳

图 4.6　扫描电子显微镜

用于观测陨石的内部岩石结构

---

① 1 英寸≈2.54 厘米。

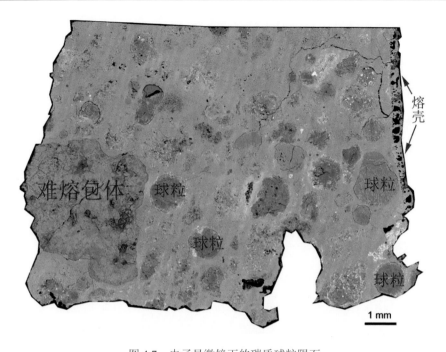

图 4.7　电子显微镜下的碳质球粒陨石

球粒、难熔包体和铁纹石镍纹石（白色斑点）；右侧薄薄的熔壳，厚度不到 0.5 毫米，分布有大量气孔（黑色部分）

图 4.8　加装在电子显微镜上的能谱仪（EDS）

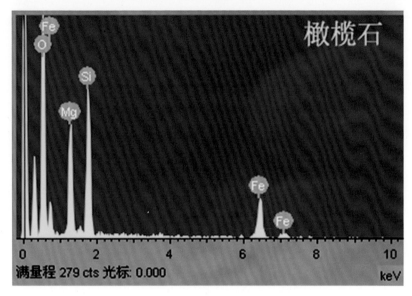

图 4.9　橄榄石化学成分能谱分析结果

主要化学元素有氧（O）、镁（Mg）、硅（Si）和铁（Fe）

如果你有疑似陨石样品，需要送交专业的地质样品检测公司检测，此时你需要让他们提供 8 个检测结果。

（1）样品中有没有圆形的硅酸盐球粒？

（2）球粒中有哪些主要矿物？

（3）球粒中的主要矿物的化学成分是什么？

（4）样品中有没有铁纹石和镍纹石？如果有，是多少？

（5）铁纹石和镍纹石的化学成分是什么？

（6）样品中有没有橄榄石、辉石和长石？如果有，是多少？

（7）橄榄石、辉石和长石的主要元素化学成分是什么？

（8）橄榄石、辉石和长石的微量元素锰（Mn）、钾（K）和钠（Na）化学成分有多少？

有了这些分析数据，就能确定你的疑似样品是球粒陨石、无球粒陨石、石铁陨石，还是铁陨石。

对于无球粒陨石来说，鉴定工作比较困难。因为这些陨石中没有球粒，它们与一些地球岩石样品非常相似，很难判别。必须使用非常精密的仪器设备来分析，比如电子探针仪（图 4.10）和同位素质谱仪。检测过程中不光要分析主要矿物（橄榄石、辉石和长石）的主要化学元素硅（Si）、镁（Mg）、铝（Al）、铁（Fe）和钙（Ca）成分，还需要测定其微量元素锰（Mn）、钾（K）和钠（Na）的含量，有时候还需要分析样品的氧-17（$\delta^{17}O$）和氧-18（$\delta^{18}O$）的同位素组成（图 4.11），

图 4.10　电子探针仪

用于测定矿物中的主要元素和微量元素的化学成分

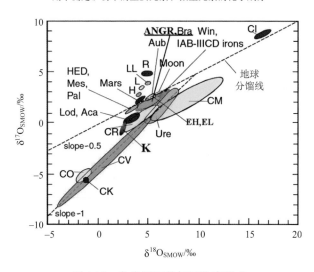

图 4.11　各类陨石的氧同位素组成

它们与地球样品有很大的差别，地球上的岩石样品都会落在斜率为 0.5 的地球分馏线上（terrestrial fractionation line，TFL），普通球粒陨石和 R 型球粒陨石位于 TFL 以上，而碳质球粒陨石则落在 TFL 以下，K 型球粒陨石的氧同位素组成与 CR 型碳质球粒陨石相近

才能准确鉴定无球粒陨石的类型。这都需要由陨石专业研究机构完成，一般的分析检测部门无法做到。

4.3　陨石鉴定工作中常见的误区

1. 用 X 射线荧光光谱仪来鉴定陨石是不正确的鉴定方法

目前陨石鉴定工作中存在一个很大的误区，很多爱好者常常把疑似陨石的样品送交文物检测部门或者文物拍卖公司作分析检测，样品在不经过切割、研磨和抛光的情况下，直接用仪器，一般常用 X 射线荧光光谱仪（XRF）检测，得到了各种化学元素的含量，然后用此结果确定样品是否是陨石。

首先，这样的分析结果很不准确，如果样品不经任何处理就直接测试，实际上只是分析了样品表面风化层的化学成分，不能真正代表样品的成分。即使是把样品表面氧化层除去后再分析，这样的分析方法也得不到正确结果。因为 X 射线荧光光谱仪的分析区域很小，而岩石样品内部的各种矿物的颗粒大小和分布规律很不均匀，随机在样品表面做 1～2 次分析，得到的不是样品的化学成分，而是样品内部随机被检测到的矿物的化学成分，这样的结果没有代表性，很不准确。

正确的分析方法应该是先将样品研磨成粉末，混合均匀；然后放到高温炉中烧结成玻璃。经过这样的样品处理后，才能用 X 射线荧光光谱仪分析样品的化学成分。但是，X 射线荧光光谱仪的分析能力有局限性，对于主要元素分析结果可靠性较高，对微量元素的分析能力较差，对有些元素的分析结果是半定量的，只能作定性分析。如果要分析样品的微量元素成分，还要使用其他的分析设备，比如，仪器中子活化分析（INAA）、电感耦合等离子体原子发射光谱仪（ICP-AES）、电感耦合等离子体质谱法（ICP-MS）等。因此，单独使用 X 射线荧光光谱仪是不能鉴定陨石的。

现代化仪器的分析精度越来越高，但是每种仪器都有各自的分析能力特点，有些仪器适合分析主要元素，有些仪器针对微量元素，而有些仪器则专供痕量元素分析。没有一种仪器设备是全能的，既能准确分析主要元素，又能精确分析微量元素和痕量元素。因此，如果要用化学分析的方法来鉴定陨石，你需要使用多种仪器设备分析样品，有的用来分析主要元素，有的用来分析微量元素，有的用来分析痕量元素，这样才能得到准确的化学成分数据。由此看来，用化学分析法鉴定陨石非常烦琐，需要运用多种专业仪器设备，费时费力，没有实践价值。从专业角度讲，没有人会用化学分析方法来鉴定陨石，而常用更简单的矿物成分分析方法来鉴定陨石。

而使用手持式 X 射线荧光光谱仪（图 4.12）或便携式 XRF 合金分析仪分析，结果就更不准确了。这些仪器为了便携，体积小、功率低，只能用作定性分析，也就是用来确定样品中有哪些主要元素，但不能准确测定其含量，而微量元素的

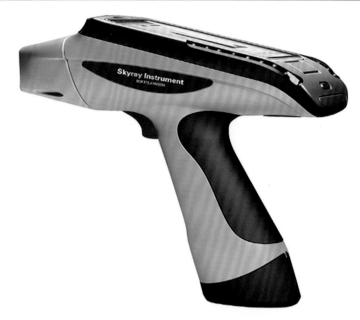

图 4.12　手持式 X 射线荧光光谱仪

分析结果精度低，不能用来检测陨石

分析结果则基本没有什么利用价值。因此，手持式 X 射线荧光光谱仪的分析结果远远不够水准，不能用来鉴定陨石。手持式 X 射线荧光光谱仪主要应用于工业界，是常用来检测钢材型号的工具，并不属于科学仪器。

手持式 X 射线荧光光谱仪的分析结果中常出现一个符号"LE"，有些"星友"误认为是"未知元素"。其实，"LE"是英文"轻元素"（Light Element）的缩写，不是"未知元素"的符号。手持式 X 射线荧光光谱仪的分析能力局限性很大，只能检测镁（Mg）和铀（U）之间的元素，检测不了质量比镁（Mg）轻的元素，比如碳（C）、氢（H）、氧（O）和氮（N）等，仪器只能给出一个"轻元素"总含量的估计值，是用 100% 减去检测到的镁（Mg）和比其质量大的元素的总量。一般来说，岩石矿物中的轻元素主要是氧（O），因此"LE"可以近似当作是样品中氧（O）含量的估计值。

用样品的化学成分来鉴定陨石需要很强的陨石专业知识，需要对各种类型，甚至多达几十种陨石的化学成分特征了如指掌。各种类型的陨石中亲石元素的含量有多少？亲铁元素的含量有多少？亲硫元素的含量有多少？挥发性元素的含量有多少？各种元素含量的变化范围是多少？太阳系中各种元素的平均含量是多少？一般的分析检测部门并不熟悉这些专业知识，很难做出准确判定。通常情况下，陨石专业研究人员是在样品被确定是陨石以后，才会对其进行化学分析，从它们成分上的特征和变化趋势来解决一些科学问题；而在实际工作中，是不会通过化学分析来鉴定陨石的，而使用更简单的矿物成分分析法来鉴定陨石。

举一个简单例子就能明白为什么这个方法是行不通的。大家应该都听说过石墨和钻石吧，石墨很多、很常见，经济价值也不高，但钻石很稀有、很珍贵。如果你把石墨和钻石一起送去做化学分析，你会发现石墨和钻石的化学成分是一样的，都是碳。当然，石墨和钻石不需要做化学分析就能区分出来，一个硬度低，一个硬度高。在这里只是想说明一个道理，仅仅在化学成分上相似，还远远不能证明两件物体就一定属于同一类物品。

再换一个角度来说，目前的冶金技术完全可以把金属铁和金属镍按铁陨石中的比例混合，经高温熔融制造出铁镍合金。如果用简单的化学分析方法去检测，这样的人造合金的化学成分与铁陨石是一样的。

就所包含的化学元素的种类来说，陨石和地球岩石没有任何区别。陨石中所包含的各种化学元素，地球岩石中都有；地球上的各种化学元素，陨石中也有；只是它们各自的含量有所不同，有些含量高有些含量低，有些低到甚至需要用高灵敏度的仪器才能检测出来，但是都能找到。事实上，太阳和太阳系中的各个天体，甚至整个宇宙中的物质，化学元素都是一样的，这个世界上不存在什么"特殊元素"或"未知元素"，自然界中所有化学元素都已经被科学家们发现了。远在1869 年，俄国科学家门捷列夫就总结了元素周期表，这在初中化学课本中就有。元素周期表揭示了化学元素之间的内在联系，到目前共列出了 118 种元素，按一定的规律在表中排列，其中，1～98 号元素存在于自然界，99～118 号元素都是在实验室中经人工合成的，但是这些人造元素的寿命很短，很快就裂变完，不会在自然界中存留。也就是说，自然界中只存在已知的 98 种化学元素，陨石中有这些元素，地球上也有这些元素，宇宙中各个天体都有这些元素。不能用样品中含有某种特定的元素（比如镍、铱等）来作为鉴定陨石的判据，这也是目前陨石鉴定工作中的一个误区。

2. 样品中的"镍含量"不能用来判定陨石

第二大误区就是所谓的"镍含量"。有些陨石爱好者简单地认为陨石都含镍，样品中含有镍就是陨石，不含镍就不是陨石。事实上，很多陨石，比如一些球粒陨石、石铁陨石和铁陨石，因为内部含有铁纹石和镍纹石，所以样品的镍含量较高。而无球粒陨石一般没有铁纹石和镍纹石，则镍含量很低。

地球也有很多镍矿石，可以用来冶炼金属镍，这些矿石的镍含量很高，但它们不是陨石。有些人造合金中也含有镍，比如不锈钢，但是显然不能把这些含镍的人造合金当成铁陨石。

因此，样品的"镍含量"不能用来作为判定陨石的重要依据，有镍的样品不一定是陨石，镍含量低的样品也未必就不是陨石。严格地说，应该是样品中有铁纹石和镍纹石才是确定陨石的关键，因为这两种矿物是不会出现在地球岩石中，如果你的样品中有铁纹石和镍纹石，那就一定是陨石。

铁纹石和镍纹石与人造合金有本质区别。铁纹石和镍纹石是天然矿物，主要由铁和镍组成，含有少量钴（<1%）。人造合金中除了铁和镍以外，还会有铬、锰、磷、硅、碳等其他元素。不锈钢中的镍含量可达 3%～10%，非常容易与铁陨石混淆，但不锈钢中没有铁纹石和镍纹石。

4.4　关于陨石鉴定的那些事

近年来，越来越多的民众喜爱和收藏陨石，出于对科研部门的信任，很多爱好者都愿意把疑似陨石的样品寄往国内的陨石科研机构，有些"星友"甚至不远万里，亲自送样品上门检测。但是，在实际工作中我们发现，星友们所谓的"陨石"其实都是地球岩石样品。

一方面，科研机构应接不暇，不能一一满足每位"星友"的鉴定需求；另一方面，很多"星友"花费了大量的时间和精力，最终却得不到认可，感觉科研机构门槛太高，自己总是被拒之门外。这看上去似乎是一对矛盾，但实际上是有方法解决的。

首先建议"星友"要抱着一颗平常心，不要轻易送样品到科研机构检测，这样可以节约大量的时间和金钱，也不会带来太大的失望。可以先考虑把疑似陨石样品的照片上传到"中国陨石网"（中陨网/国陨网，http://www.qqyunshi.com），这虽是个民间陨石科普网站，但网站的很多志愿者经验非常丰富，完全可以相信他们的鉴别能力。另外，这个网站是非营利、公益性的，不会涉及任何利益关系，相对来说比较公平、公正。在初步判断样品为"疑似陨石"后，该网站会协助"星友"并推荐到正规的科研机构做进一步检测。需要指出的是，要鉴别被检测样品不是陨石其实是一件很容易的事，对于资深的陨石爱好者来说只需凭经验目测就能确定；但是，要鉴定"疑似样品"是陨石，则需要通过仪器检测才能完成。在过去的几年中，我们在"中国陨石网"推荐的样品中发现了很多陨石，如新疆的罗布泊陨石、库木塔格陨石、哈密陨石、土牙陨石、阿克赛钦陨石、七角井铁陨石，甘肃的红沙岗陨石，青海的团结陨石、冷湖陨石，浙江的东阳目击陨石等，并成功完成了这些陨石的国际命名申报工作。实践经验证明，这是一条连接广大"星友"和陨石科研部门的重要纽带，行之有效，成功率也很高，希望广大陨石爱好者们充分利用好"中国陨石网"（http://www.qqyunshi.com）这个大众平台，发现更多更稀有的陨石样品。

还有一个利好的消息，随着我国改革开放不断深入，市场上涌现了很多民营的地质样品检测公司，这些公司拥有正规地质专业背景的技术人员和专业仪器设备（比如电子显微镜、能谱仪、电子探针等），专业从事地质岩矿样品的检测工作，完全具备能力开展未知样品中的矿物化学分析和岩石结构分析的检测工作，可以为广大"星友"提供技术服务。如果"星友"不放心民营企业，也可以去找官方的"岩矿鉴定服务中心"。每个省会城市都有自然资源部直属的中国地质调查局的下属单位，那里都有"岩矿鉴定服务中心"，同样可以开展未知样品中的矿物化学和岩石结构分析工作。"星友们"不要只关注陨石科研机构，陨石科研机构主要是开展科学研究工作的，人力、物力有限，没有足够时间和精力来为广大"星友"提供"疑似样品"的检测服务工作。有了这些官方的和民营的地质样品检测机构，"星友"就多了很多技术鉴定的渠道，选择余地更大了，就不会再出现无地方分析样品的"困境"。不过这些服务都是收费的，好在费用都不高，是在可以接受的范围内。

专业的地质样品检测机构主要的鉴定对象是地球岩石样品，从严格意义上讲与专业陨石鉴定还有一定差距。但是国内开展正规专业陨石鉴定服务的公司十分稀少，可以说是凤毛麟角。前几年，新疆地矿局地质样品检测中心成立了一个陨石鉴定机构，专门针对陨石样品开展鉴定服务工作，在一定程度上缓解了民众陨石鉴定的需求，但还是远远不能满足国内陨石爱好者日益高涨的鉴定需求。日前，一个由国内资深"星友"组建的"南京紫台星文化传播有限公司"应运而生，为广大陨石爱好者提供专业便捷的陨石知识咨询和样品鉴定服务，更大程度上缓解了这方面的社会需求。

陨石爱好者在选择哪家公司做检测时要特别谨慎，市场上已经出现了很多不规范、无资质的陨石检测公司，特别要警惕的是某些文物经营公司、文物检测中心和文物拍卖公司，它们常年打着高价回购"陨石"和组织陨石拍卖活动的旗号，把普通的地球石头说成是"罕见陨石、特殊陨石或稀有陨石"等，接着就是进行诱导性和煽动性的虚假评估，评估出某某陨石价值不菲，骗取"星友"的陨石鉴定费和拍卖宣传手续费，曾有"星友"连续被数家拍卖公司骗取了上百万的陨石拍卖宣传手续费，而正规的拍卖公司是不会在拍卖前收取任何费用的，只会在成交以后收取少量佣金。

迄今为止，国内拍卖行从来就没有过"几百万""几千万"的陨石拍卖成交记录，那些"美丽的传说"都是某些文物拍卖公司凭空捏造出来忽悠民众的"海市蜃楼"；所有它们组织的陨石拍卖活动最终只有一个结果：流拍，"星友"只能打碎了牙齿往肚里咽，欲哭无泪。如果想要取回自己的藏品，还要再交上一笔高昂的保管费。

也从来没有哪家文物经营公司高价回购过"星友"的"陨石"，等待"星友"的只有那高昂的陨石鉴定费账单。上海"某文物经营有限公司"经常打着"商业合作""高价回购"的幌子，诱骗"星友"到它们公司旗下的文物检测中心去检测陨石，即使"星友"收藏的是真陨石，到它们那里也统统被判定为假陨石，目的就是要诈取"星友"的鉴定费。这家公司后来被告到了上海市松江区人民法院，法院最终判决该公司全额退回"星友"的检测费用，并吊销了公司的营业执照。前几年，上海警方曾突击取缔了几十家类似性质的文物检测和拍卖公司，抓捕了大批不法商人。但是在暴利的驱动下，野火烧不尽，一些公司改头换面又冒出来，不少公司也死灰复燃、重操旧业，继续祸害民众。"星友"们要时刻擦亮眼睛，只要听到、看到"高价回购""商业合作""帮助拍卖""私下交易"等，就要远离它们，避免掉入陷阱。

国际命名：尤溪
陨石类型：中铁陨石
发现地：中国福建尤溪
发现时间：2006 年
规格：38.5 厘米 ×34.1 厘米 ×24 厘米
质量：62 千克
收藏单位：南京紫金陨石博物馆

藏品题名：吉林 3 号陨石
陨石类型：H5 型普通球粒陨石
陨落时间：1976 年 3 月 8 日
陨落地点：吉林省吉林市
质量：123.5 千克
收藏单位：吉林市陨石博物馆

藏品题名：目击鄄城陨石
陨石类型：H5 型普通球粒陨石
陨落时间：1997 年 2 月 15 日
陨落地点：山东省鄄城县
质量：1.4 千克
收藏单位：上海天文馆

第5章　常见貌似陨石的地球岩石

地球表面被各种各样的岩石覆盖，地球上的岩石千变万化，有些岩石经过长期地表风化，表面发黑，还有磨蚀的凹坑，在外观上与陨石有些相似，常被误认为陨石。本章列举了一些常见貌似陨石的地球样品，供广大爱好者参考，避免落入陷阱。

1. 铁矿石

铁矿石是铁的氧化物，常被误认为是铁陨石（图 5.1）。铁矿石的比重小（4左右），比铁陨石要轻很多，铁陨石的比重在 8 左右。

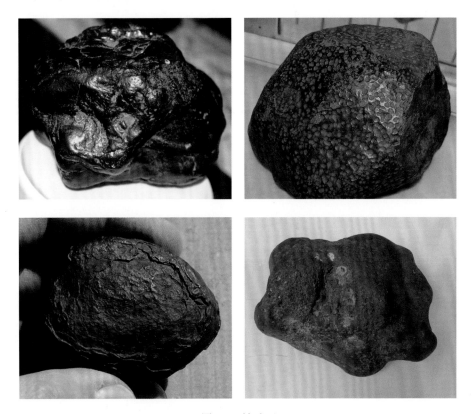

图 5.1　铁矿石

铁的氧化物，比铁陨石要轻很多

2. 生铁

也称灰口铸铁，易被误认为是铁陨石。表面生锈的铁块，切开后会出现银白色金属剖面（图5.2），酸腐后不显示维氏台登结构，常显示马氏体条纹，容易与维氏台登结构混淆。常出现在山区或郊野，大多是战争中遗留下来的弹片。

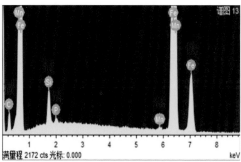

图 5.2　生铁（灰口铸铁）

主要是铁，不含镍，含少量碳、硅、磷、锰

3. 炉渣

常被误认为是中铁陨石，但其内部没有铁纹石和镍纹石，成分上不含镍，只有铁和其他元素（如硅）（图5.3）。

4. 生铁/炉渣中的马氏体条纹

有时生铁在酸腐后也会出现类似于维氏台登条纹（图5.4），但这些条纹不是铁纹石和镍纹石，而是由生铁和含磷、含锰生铁交叉形成的马氏体条纹，极易被误认为是铁陨石，需要用能谱仪或者便携式 XRF 合金分析仪验证。

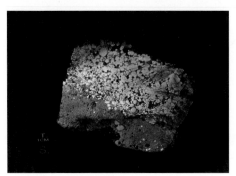

图 5.3　炉渣中生铁

成分主要是铁，不含镍，含少量其他元素，如硅

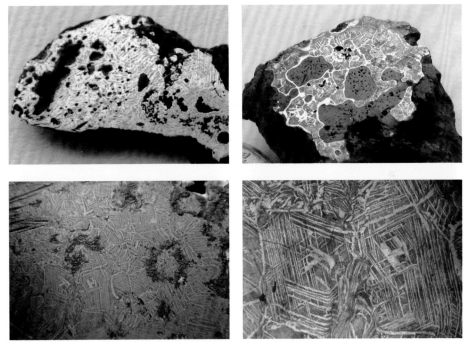

图 5.4　生铁/炉渣中的马氏体条纹

银白色条纹是生铁，灰白色部分是含磷、含锰的生铁；这些样品都是生铁/炉渣，不是铁陨石

5. 不锈钢

不锈钢最容易被误认为是铁陨石，比重与铁陨石相似，成分上也含镍，但是除了镍以外，不锈钢还含有其他元素，如硅、铬、锰、碳等（图 5.5）。最重要的是不锈钢中没有铁纹石和镍纹石，酸洗后不会呈现维氏台登条纹。

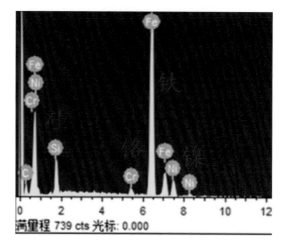

图 5.5　不锈钢的化学成分能谱图

除了铁和镍外，还有铬和硅

6. 火山岩石

地球上的火山岩常有气孔（图 5.6），陨石一般没有气孔。

图 5.6　地球火山岩石和火山玻璃

7. 角砾岩

下面这些都是地球上的角砾沉积岩，常被误认为月球陨石（图 5.7）。

图 5.7　地球上的角砾沉积岩

8. 貌似陨石的地球样品的网站

"星友"还可以通过网络查阅关于貌似陨石的各种地球样品的照片，网址：https://sites.wustl.edu/meteoritesite/identification，这个网站是美国华盛顿大学的陨石专家 Randy L. Korotev 教授多年来收集的各式各样的貌似陨石的地球样品的照片，很有参考价值，读者可以借鉴。

9. 国际陨石数据库

网址：http://www.lpi.usra.edu/meteor/metbull.php，这个网站是总部设在美国的国际陨石学会所建立的陨石专业网站，数据库收录了经国际陨石命名委员会审核批准的陨石名称和类型，是查询陨石资料的最权威网站。截至 2020 年 6 月 30 日，该网站收录了 64 000 块陨石的资料。

要正确认识陨石，光从书本和网络上获得知识是远远不够的，那只是纸上谈兵，有时甚至还会被引入歧途，重要的是实践经验。普通民众接触陨石的机会并不多，有一个重要的途径就是参观专业陨石展览馆，通过长期近距离的观察各种陨石展品，就可以深入了解和熟悉陨石的外部特征，逐渐掌握判断和识别陨石的能力。目前国内主要的专业陨石展览馆有北京天文馆和吉林市陨石博物馆。中国科学院紫金山天文台在南京紫金山科普园区也设立了一个陨石展馆，展出了各种类型的国内外著名陨石。河南云台山地质公园中有一个民间陨石展览馆，全国各地的陨石藏家也开设了诸多各具特色的小型陨石科普馆，比如乌鲁木齐市天心星陨石科普馆、贵州陨石文化科普馆、云南文山星客隆陨石科普馆、西安市天星缘陨石馆、河北邢台甘陵博物馆等。正在筹建中的上海天文馆也将特设陨石展区，并计划 2021 年内建成开馆。另外，各省市的地质博物馆有时也会有少量陨石展出，比如新疆乌鲁木齐地质矿产博物馆有著名的新疆大陨铁，上海自然博物馆有长兴岛普通球粒陨石，南京地质博物馆和山西地质博物馆也有少量陨石，中国地质大学（武汉）逸夫博物馆也有陨石展品，这都为广大陨石爱好者提供了很好的学习机会。

藏品题名：玉兔
陨石类型：橄榄陨铁
发现地：西藏那曲
质量：18.4千克
收藏人：于向东
此陨石是第一块在西藏地区发现的橄榄陨铁，至今尚未命名。其造型像一只兔子，取其"玉兔"之意。

藏品题名：灵芝
陨石类型：火焰山铁陨石
发现地：新疆鄯善
质量：1782克
收藏人：于向东
观赏级，造型优美，犹如一朵灵芝，是一件难得的铁陨石精品。

藏品题名：王／后
陨石类型：火焰山铁陨石
化学分类：IAB-sLH
规格：13 厘米 ×6.5 厘米 ×3.5 厘米
　　　12 厘米 ×6.3 厘米 ×4.5 厘米
质量：907.3 克　588.2 克
收藏人：乌鲁木齐市天心星陨石
　　　　科普馆馆长赵宇贤

藏品题名：金蟾
陨石类型：新疆阿勒泰铁陨石
化学分类：IIIE
规格：40 厘米 ×36 厘米 ×31 厘米
质量：100 千克
收藏人：乌鲁木齐市天心星陨石科普馆馆长赵宇贤

第6章 中国陨石谱

中国是世界上观测并记录陨石陨落事件最早的国家,史籍所载的记录超过三百次,最早可追溯至公元前 2133 年发生在山西省夏县的一场铁陨石雨。可惜的是,到 20 世纪初,历史上陨落的陨石已消失殆尽。近几年来,随着国内民间猎陨活动兴起,中国的陨石数量有了快速增长。据国际陨石学会陨石数据库收录的最新资料表明,中国境内收集到的陨石数量已有 400 多块,较五年前翻了一番,其中普通球粒陨石最多,有 339 块,碳质球粒陨石 3 块,顽辉球粒陨石 2 块,石铁陨石 4 块,铁陨石 48 块,无球粒陨石 3 块。最可喜的是 2016 年,中国境内新添了一块目击无球粒石陨石——马子川灶神星陨石,填补了国内空白。但目前中国境内还没有发现月球和火星陨石。另外需说明一点,民间藏家手中有些陨石藏品,还没有获得正式命名,所以真实的数量可能会超过这些数字。

6.1 中国境内的目击球粒陨石

1. 吉林陨石

1976 年 3 月 8 日下午 3 时许,天气晴朗,在吉林省吉林市的永吉县及蛟河市近郊,天空中突然传来轰隆隆的"飞机轰鸣"声,随着一声爆炸巨响,数千块陨石陨落在方圆 500 平方千米的范围内。这是一场特大陨石雨,当时共收集到较大陨石 100 多块,总质量超过 2000 千克,其中最大一块达 1770 千克(图 6.1),是目前世界最大的石陨石,入选了吉尼斯纪录。最大的吉林一号陨石陨落在吉林市永吉县桦皮厂镇靠山村,陨石穿透了厚达 1.7 米的冻土层,深入地下 6.5 米,形成了一个直径 2 米的陨石坑。吉林一号陨石现被吉林市博物馆收藏,供广大"星友"参观学习。吉林陨石雨陨落事件发生在白天,很多村民正在田间劳作,中小学生们也正在放学回家的路上,在方圆 500 平方千米的平原地域内还居住着上万户人家,这场超大规模的陨石雨并没有造成一人一畜的伤亡与一栋建筑物的损坏。联想到史籍中有关陕西庆阳陨石伤人事件的记录,更让人觉得所记录的死伤人数的真实性值得商榷,况且 500 多年前中国西部地区的人口密度要远低于现代。

吉林陨石是一种常见的 H5 型普通球粒陨石,主要由贵橄榄石(Fa$_{19}$)、古铜辉石(Fs$_{15}$)、铁纹石(Fe 92.5%、Ni 7%、Co 0.5%)和陨硫铁组成,次要矿物有单斜辉石、长石、白磷钙矿、镍纹石等。吉林陨石含有大小约为 0.2~1.8 毫米的

图 6.1　吉林陨石一号主体

质量 1770 千克，表面熔壳气印保存完好

球粒，平均直径 0.8 毫米，球粒与细粒基质的体积比接近 1：1。吉林陨石的形成年龄为 45.6 亿年，与太阳系年龄相同。

　　吉林陨石雨规模巨大，当地很多村民收集到了不少样品，因此在陨石市场上，有部分吉林陨石流通，品相好一点的吉林陨石目前的市场价超过 200 元/克，普通的也在 100 元/克左右，深受藏家们追捧。

　　2. 宁强碳质球粒陨石

　　1983 年 6 月 25 日 19 时许，陕西省宁强县燕子砭乡的村民听见连续打雷似巨响，持续约半分钟，随后发现了 4 块黑色陨石，质量分别为 0.35、0.38、0.78 和 3.1 千克，其主体部分被中科院紫金山天文台所收藏（图 6.2），国内个别科研单位也拥有少量宁强陨石样品。宁强陨石是我国首次回收到的目击碳质球粒陨石，也是继 Allende 和 Murchison 后，全世界收获的最重要的碳质球粒陨石。宁强陨石的类型很独特，与 CV 型和 CK 型碳质球粒陨石相似，但又不相同，科学上划分为未分类异常型碳质球粒陨石，非常罕见。宁强陨石的科学内涵极其丰富，我国科学家曾在其中找到了原始太阳星云中灭绝的核素 ^{36}Cl 和 ^{26}Al 的残留物，发现了宁强母体小行星中的流体蚀变现象，找到了古老的贵金属颗粒和特殊类型的难熔包体。宁强陨石的碳含量很高（1%），并含有十几种地外有机物，有些有机物可能是地球生命起源的“种子”。

图 6.2　宁强陨石个体

质量为 610 克，熔壳保存完好，断裂面上可见众多细小灰白色难熔包体

宁强陨石含有 45 %的细颗粒基质，其中分布有大量球粒（48 %）和少量难熔包体（7 %），球粒的平均直径约为 0.5 毫米，主要由镁橄榄石（$Fa_{<10}$）和顽火辉石（Fs_{0-2}）组成，还有少量铁纹石、磁铁矿和硫化物。

早年间有部分宁强陨石曾被当作科研样品与外国藏家交换了其他陨石样品，因此有极少量宁强陨石流入了国际陨石市场。5 年前欧洲陨石市场上就曾出现过一块宁强陨石标本（15g）在出售，当时的标价为 5300 欧元，目前市场上宁强陨石已绝迹。

3. 西双版纳曼桂陨石

2018 年 6 月 1 日 21 时 40 分左右，云南西双版纳傣族自治州景洪市上空突然出现一个火球，火球由东向西偏北方向飞行划过夜空，发出短暂的强光，几秒后迅速消失在夜色中，向西北方向坠落，消失之后发出了一声巨响。当晚 9 时许，位于景洪市西 60 千米处的勐海县勐遮镇上，不少村民也听到了"隆隆"的声音，好像有飞机在低空飞行，接着听到了一声巨响。紧接着有部分村民感到自家屋顶被什么物件砸到了，有幸运者还在自家屋顶上找到了一些陨石碎片。

国内各大电视台和网络媒体第一时间报道了西双版纳陨石陨落事件，全国各地的陨石爱好者和附近村民闻讯后蜂拥而至，每天都有数千人在田野和山林间搜寻陨石，被发现的陨石数量越来越多。由于猎陨者人数过多，发现的陨石数目难以统计，据亲临现场的陨石藏家粗略估计，找到的陨石数量在 200 块以上，总质量在 20 千克左右，最大一块主体质量为 1.2 千克。

　　大多数西双版纳陨石个体的表面带有新鲜的黑色熔壳（图 6.3），厚度约为 0.5 毫米，黑色熔壳与陨石内部基质分界明显，局部熔壳较薄甚至脱落。陨石切面上众多网格状黑色细长冲击熔融脉清晰可见，宽度约 0.3 毫米，偶有较宽的（2～3 毫米）。脉体由隐晶质黑色矿物和金属颗粒充填，脉体长约 3～5 厘米，少数脉体贯穿整个陨石断面。切面上还可见不少银白色金属颗粒和圆形球粒，球粒轮廓不清晰，仅可见少量难以辨认的残余球粒（图 6.3），球粒直径约为 0.5 毫米，呈椭圆形或近圆形，基质矿物重结晶严重，粒度一般为 0.05～0.1 毫米，呈粒状结构。陨石基质中的金属颗粒发育良好，颗粒粗达 1.5 毫米，金属颗粒呈不规则粒状，切面上金属矿物的分布含量约为 5%，这与 L 型普通球粒陨石特征相符。根据这些外观特征，初步判断此陨石可能是 L5 或者 L6 型普通球粒陨石。

图 6.3　西双版纳曼桂陨石个体

质量约 200 克，带有新鲜的黑色熔壳，切面上清晰可见的黑色细长冲击熔融脉、细小银白色金属颗粒和少量圆形球粒

　　科研人员提取少量陨石样品制样后，放在电子显微镜下做了进一步详细观测和分析测试。陨石内部显示球粒结构，球粒直径 0.5～1 毫米，球粒轮廓模糊不清，难以辨认。基质矿物重结晶严重，颗粒粗大，长石大多受冲击作用转变为熔长石（图 2.10），粒径可达 50～100 微米。样品中主要矿物有橄榄石、单斜辉石、斜方辉石、长石、铬铁矿、磷酸盐以及金属矿物，矿物化学成分非常均一，显示了高

度热平衡。橄榄石成分为 $Fa_{23.6-24.1}$（平均值为 $Fa_{23.9±0.2}$），低钙辉石成分为 $Fs_{20.1-20.7}$ $Wo_{0.28-0.64}$（平均值为 $Fs_{20.2±0.2}Wo_{0.46±0.14}$），长石成分为 $An_{10.4-12.3}$（平均值为 $An_{11.3±0.7}$）。根据其中橄榄石、辉石成分以及长石矿物的粒径大小，西双版纳曼桂陨石类型被确定为 L6 型普通球粒陨石，冲击强度在 S5 级以上。

西双版纳曼桂陨石是国内最近一次的目击陨石，吸引了众多爱好者和藏家关注。大多数陨石碎片都被当地村民找到，绝大多数流入了市场，当时在现场的报价高达每克几十到几百元。

6.2　中国境内发现的石铁陨石

1. 阜康橄榄陨铁

阜康陨石是 2000 年由一名当地居民在新疆阜康市的戈壁滩上发现的，质量约 1000 千克，主体部分现存于美国私人收藏者（图 6.4），阜康陨石后经切割分解后在国际陨石市场公开出售。

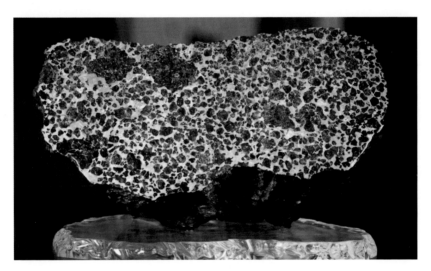

图 6.4　阜康橄榄陨铁切片

黄色部分是橄榄石，银灰色部分是铁纹石和镍纹石

阜康橄榄陨铁是由大致等份量的铁镍金属矿物和橄榄石组成，主要矿物为铁纹石（Fe 93%、Ni 7%）和橄榄石（Fa_{14}）。

阜康橄榄陨铁是陨石市场上最漂亮的藏品，深受全世界各国爱好者和藏家追捧，目前市场价在 50 美元/克左右，价格与黄金价格相当。

2. 尤溪中铁陨石

尤溪陨石是 2006 年在福建省尤溪县的一个建筑工地上被发现的，总质量约 218 千克，表面仍保留有清晰的气印。

尤溪陨石由 30% 的铁镍合金和 70% 的硅酸盐岩屑组成（图 6.5），金属矿物为铁纹石和镍纹石，硅酸盐矿物主要是低钙辉石（Fs_{34-42}）和长石（An_{94-96}），含少量橄榄石（Fa_{25-29}）。尤溪陨石中辉石的总体含量约为 50%，属于 A 型中铁陨石。

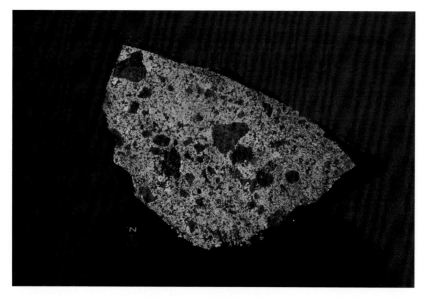

图 6.5　尤溪中铁陨石切片

6.3　中国境内发现的铁陨石

1898 年在新疆阿勒泰地区的青河县境内发现了一块质量达 28 吨的新疆铁陨石，该陨石长约 2.4 米、宽 1.8 米、高 1.3 米，是我国目前发现最大的陨石，也是世界第五大陨石，现保存于乌鲁木齐市的新疆地质矿产博物馆。最近几年在阿勒泰小东沟地区又陆续发现了多块大型铁陨石（图 6.6）和很多小碎片，总质量已接近或者超过了 28 吨的新疆铁陨石，它们属于同一次陨石雨降落的陨石。新疆阿勒泰铁陨石雨的长轴方向距离达 300 多千米，远远超过了曾被公认为世界规模最大陨石雨——纳米比亚 Gibeon 陨石雨的分布长度（275 千米）。

新疆铁陨石属中粒八面体铁陨石，主要矿物为铁纹石，约占 90%，其次为镍纹石和合纹石，次要矿物有陨磷铁矿、陨硫铁、铬铁矿、陨碳铁矿等。新疆铁陨石

图 6.6　2011 年在新疆阿勒泰小东沟附近发现的 18 吨阿克布拉克铁陨石

的化学类型是异常IIIE 型,化学成分为 Ni 9.8%、Co 0.52%、Ge 26 ppm[①]、Ga 17 ppm、Au 1.8 ppm、Ir 0.23 ppm。

　　自公布以来,阿勒泰铁陨石引起了众多爱好者关注,每年夏天都有很多陨石猎人前往小东沟地区"探宝",也陆陆续续发现了许多陨石碎片,其中还找到了数块吨级个体,并被国内藏家收藏。由于发现量剧增,阿勒泰铁陨石的市场价目前仅维持在每克几元人民币。

6.4　新疆地区发现的其他陨石

　　国际陨石学会陨石数据库中目前收录了 403 块中国陨石,其中 258 块是在新疆地区发现的,数量超过了一半。新疆地域辽阔,资源丰富,是民间陨石爱好者向往的圣地。每年都有很多陨石猎人汇聚新疆戈壁滩,历经磨难,千辛万苦地在茫茫大地上"寻宝"。工夫不负有心人,时常有"星友"传来振奋人心的好消息。除前面提到的阜康橄榄陨铁和阿勒泰铁陨石外,最近几年新疆又发现了不少陨石,比如罗布泊陨石、库木塔格陨石、三峰山陨石、土牙陨石、哈密陨石、火焰山铁

---

① ppm 为百万分之一含量。

陨石、鱼尾梁陨石和敦力克陨石等。

1. 火焰山铁陨石

2016 年 10 月 6 日,中石油吐哈油田两位员工在胜北油田周边寻找风凌石,偶然间发现了一块铁陨石。消息传开后,2017 年春节前后,众人携带金属探测器蜂拥而至,来到戈壁滩寻找陨石,6 平方千米范围内曾有上百人使用金属探测器探寻陨石,大量陨石碎片被陆续发现,粗略估算有数千片,总质量超过了 700 千克。

火焰山铁陨石镍含量极高(21%),属于极细粒八面体铁陨石(图 6.7),化学类型为 IAB-sLH,质地稳定,深受爱好者喜爱,很多"星友"用其来做各种饰品,目前市场价在每克几十元人民币,品相好的个体要价每克已超过了百元。2020 年10 月 11 号,某机构组织的拍卖专场上,1 件 1892 克的火焰山铁陨石藏品被藏家以 40 万元的高价竞得,克价超过了 200 元。

图 6.7　火焰山铁陨石切片

内部展示细粒八面体条纹

2. 鱼尾梁球粒陨石

2016 年 12 月 16 日，新疆陨石猎人陈鹏力和赵宇贤等人在新疆罗布泊若羌地区发现了一个陨石富集区。他们在东西长 16 千米，南北宽 2 千米的范围内，找到了很多块陨石碎片，总质量达 140 千克，其中一块主体质量为 18.5 千克（图 6.8），国际命名为鱼尾梁球粒陨石（L4-6 型）。

图 6.8　鱼尾梁陨石主体
质量为 18.5 千克

6.5　中国南极科学考察队发现的火星陨石

中国南极科学考察队近年来在南极格罗夫山地区发现了大量陨石，收集的陨石数量超过了 10 000 块，数量居世界南极陨石拥有量的第三位。初步研究已确定其中有很多无球粒石陨石，甚至还发现了 2 块珍贵的火星陨石——GRV 99027 和 GRV 020090，但没有发现月球陨石。

其中，GRV 99027 是中国第 16 次南极科学考察队于 2000 年 2 月 8 日在南极格罗夫山地区发现的，是中国收集到的首块火星陨石，质量约为 9.97 克，表面覆盖着很薄的黑色熔壳，在熔壳的脱落处，可见露出的浅灰色粗粒辉石和橄榄石晶体（图6.9），该火星陨石现收藏于上海的中国极地研究中心。

　　GRV 99027 陨石属辉熔长无球粒陨石（Shergottites）的亚类——二辉橄榄质辉熔长无球粒陨石（Lherzolitic Shergottite）。主要矿物有橄榄石（Fa$_{22-30}$）、低钙辉石（Fs$_{20-26}$Wo$_{2-8}$）、高钙辉石（Fs$_{13-15}$Wo$_{34-39}$）和长石（An$_{49-55}$），长石受强烈冲击变质转变为熔长石，副矿物有白磷钙矿和铬铁矿。

图 6.9　GRV 99027 火星陨石

质量约为 9.97 克

藏品题名：太空宝石
陨石类型：橄榄陨铁
发现地：阿尔及利亚
规格：9.2 厘米 ×7.5 厘米 ×6.1 厘米
质量：635.6 克
收藏人：宿迁市 徐邓钦

藏品题名：黄金麒麟
国际命名：Seymchan
陨石类型：橄榄陨铁
发现地：俄罗斯
规格：36.8 厘米 ×18.8 厘米 ×0.4 厘米
质量：1038.3 克
收藏人：宿迁市 徐邓钦

藏品题名：石破天惊
国际命名：车里雅宾斯克
陨石类型：目击 LL5 型普通球粒陨石
陨落地：俄罗斯 车里雅宾斯克
质量：2166 克
收藏单位：河北省邢台市清河县甘陵博物馆

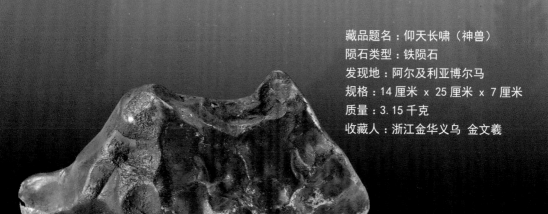

藏品题名：仰天长啸（神兽）
陨石类型：铁陨石
发现地：阿尔及利亚博尔马
规格：14 厘米 x 25 厘米 x 7 厘米
质量：3. 15 千克
收藏人：浙江金华义乌 金文義

第 7 章　国外陨石精品选

现代陨石学研究起源于欧洲。早在 1794 年，德国物理学家 Ernst Chladni 提出了陨石来源于宇宙空间的观点，推翻了火山和雷电成因的假说。在以后的几十年内，这个理论不断被陨石陨落事件所证实，陨石逐渐被视为珍贵的地外样品，获得了广泛的科学研究。20 世纪 50 年代起，随着物理、化学和实验技术的发展，新的精密仪器的问世，特别是 1969 年美国"阿波罗"载人登月计划的实施，使得陨石学研究有了突飞猛进的发展。在此期间，国外也出现了不少陨石收藏先驱，如美国的 Harvey H. Nininger（1887～1986 年），他不仅是史上最厉害的陨石收藏家（他收藏的陨石超过当时世界总量的一半），也是陨石研究的开拓者，对现代陨石学的建立有着不可磨灭的贡献。1958 年和 1960 年，Nininger 分别把陨石藏品转让给了大英博物馆和亚利桑那州立大学。如今，亚利桑那州立大学的陨石研究中心已成为全世界最大的校级陨石博物馆，拥有 1600 多块陨石样品。据 1985 年英国自然历史博物馆出版的第四版《陨石目录》记载，全世界 98 个国家共收集到 2611 块陨石，其中目击陨石有 905 块，其他为发现型陨石。美国发现的陨石最多，有 920 块；其次是澳大利亚，218 块。到了 2000 年，英国自然历史博物馆出版了第五版《陨石目录》，全世界收藏的陨石数量猛增到 22 507 块，但目击陨石也只有 1005 块，15 年间只增加了 100 块，平均每年不到 10 块。陨石数量的增加主要得益于南极冰盖和热带沙漠地区开展的猎陨活动。1969 年，日本南极科考队在南极冰盖偶然发现了 9 块不同类型的陨石，4 年后在同一地区又找到了 12 块陨石，人们开始意识到南极冰盖有富集陨石的机制。1975 年，日本正式组织科考队收集南极陨石，先后找到了 308 块。之后，美国南极科考队也开始了南极陨石的搜寻工作，其他国家相继跟进，在南极地区找到的陨石已经超过了 4 万块，前三位为美、日、中三国。继南极陨石之后，1989 年在非洲撒哈拉沙漠地区发现了多个陨石富集区，国际科考队、民间猎陨者和当地游牧民展开了多次搜寻活动。迄今为止，已收集到上万块来自世界各地的沙漠陨石，其中不乏许多珍稀品种。事实上，85%的月球陨石和 80%的火星陨石都是在沙漠地区找到的。除去南极陨石和沙漠陨石，至 2000 年全世界各个国家收集到的陨石实际上只有 3165 块，仅比 1985 年的记录多了 554 块，平均每年新增 30 多块，陨石样品还是非常难得。国外陨石收藏丰富多彩，包含了各个稀有品种，现仅列举少数精品和著名陨石，供大家参考。

7.1 墨西哥 Allende 碳质球粒陨石

1969 年 2 月 8 日，一场有史以来最大的碳质球粒陨石雨陨落在墨西哥奇瓦瓦州，降落区域呈西南至北东方向，长轴 50 千米，短轴 8 千米的椭圆形，共收集到几百块大小不同的陨石（1 克到 110 千克），总质量超过 2000 千克。随后，该地区还陆续有陨石样品被发现，估计总质量可能接近 5000 千克。其中很多都流入国际陨石市场，目前也很容易购买到此陨石。

Allende 碳质球粒陨石是迄今全世界最受关注的陨石（图 7.1），一方面它的陨落时间恰好是一个千载难逢的好时机，另一方面该陨石的科学内涵极其丰富。美国的"阿波罗"号载人登月计划原定 1969 年 7 月正式实施，全世界各国的主要实验室更新了各种实验仪器设备，准备迎接"阿波罗 11 号"采集的月岩样品。1969年 2 月陨落的 Allende 碳质球粒陨石如同"及时雨"，为各国的科研力量带来了一场"赛前大考验"。全世界的科学家利用最新的科研装备，迅速对 Allende 陨石展开了深入研究，在其中发现了著名的"难熔包体"，并获得了一系列重大科学成果：揭示了太阳系内存在氧同位素的异常，找到了太阳系早期灭绝核素的残留物，确定了太阳系的精确年龄为 45.67 亿年，还发现了多种稀有新矿物等。Allende 碳质

图 7.1　Allende CV3 碳质球粒陨石

个体（左上，熔壳清晰可见），切片（右上，可见白色难熔包体），薄片（左下，显示大量圆形球粒）
和难熔包体（右下，电子显微镜照片）

球粒陨石的研究成果远远超过了花费巨资（几百亿美元）获得的月岩样品，50 多年来，全世界各国科学家陆续发表了 2500 多篇研究 Allende 陨石的论文，仅在国际顶级科学期刊《科学》和《自然》上刊登的就超过了 100 篇。针对 Allende 陨石的研究工作还远远没有结束，随着人们对太阳系认识的深入以及分析技术的提高，新的科研成果还在源源不断地涌现。

7.2　俄罗斯车里雅宾斯克普通球粒陨石

2013 年 2 月 15 日 12 时 30 分左右，俄罗斯车里雅宾斯克州发生了规模巨大的陨石坠落事件。一颗直径约 15 米的小行星，质量有 7000 多吨，以每秒 20 千米的速度闯入地球大气层，该小行星在距离地面大约 20～25 千米的高空发生爆炸，爆炸释放的冲击波能量相当于 30 万吨 TNT 炸药释放的威力，相当于美国 1945 年在日本广岛投放原子弹能量的 20 倍。爆炸产生了大量碎片，形成了大规模的陨石雨。在坠落区域，许多建筑的窗户玻璃被震裂，陨石坠落造成 1500 多人受伤，7000 多栋建筑物受损，在世界范围内造成了巨大影响。

陨石碎片将车巴库尔湖上的冰撞击出一个直径 6 米的洞，大的陨石未被发现，但在周围的冰上找到许多较小的碎片（图 7.2）。 2013 年 10 月 16 日，在车巴库尔湖进行打捞作业的俄罗斯科学家们在 13 米深的湖底发现了长约 1 米，质量约 540 千克的陨石。车里雅宾斯克陨石属于 LL5 型普通球粒陨石，其中橄榄石的成分为 Fa_{28}，辉石的成分为 Fs_{23}。

图 7.2　车里雅宾斯克 LL5 型普通球粒陨石

　　为纪念陨石陨落事件一周年，车里雅宾斯克州为第 22 届俄罗斯索契冬奥会制作了 50 块 "陨石金牌"，其中 10 块是给幸运冠军准备的，另外 40 块将暂时存放在车里雅宾斯克州地方博物馆，并在未来通过拍卖的方式出售给私人收藏家。2014 年 2 月 15 日共有 7 个项目产生了金牌，其中还包括有四名运动员参加的接力项目。为中国夺得第 22 届俄罗斯索契冬奥会第三块金牌的短道速滑名将周洋和其他几名冠军一起得到了这块有纪念意义的 "陨石金牌"。

7.3　阿根廷 Campo del Cielo 铁陨石

　　4000 多年前，在阿根廷的东北部陨落了一场特大陨石雨，散落在 60 平方千米的区域内，留有 20 多个陨石坑，最大一个 115 米×90 米。早在 16 世纪，阿根廷的原住民就开始用 Campo del Cielo 铁陨石制作武器，当时的西班牙殖民者也闻讯前往搜集了大量铁陨石，他们以为是火山爆发带来的铁矿石，直到 1788 年才被确认是铁陨石。在陨落区发现了很多陨石碎片（图 7.3 左上），总重量超过了 100 吨。1969 年，人们发现了一块 37 吨的个体（图 7.3 右上），是继 Hoba 铁陨石后全世

图 7.3　阿根廷 Campo del Cielo 铁陨石

界第二大的陨石。Campo del Cielo 铁陨石内含大量硅酸盐包体（图 7.3 左下），这也是造成该陨石在空中爆炸成众多碎片的主要原因。Campo del Cielo 铁陨石是粗粒八面体结构（图 7.3 右下），化学类型是 IAB（Ni 6.7%）。通过测试陨石下面被烤焦的树木的 ^{14}C 年龄，确定陨石陨落的时间大约在 4700～4200 年前。

7.4 纳米比亚 Gibeon 铁陨石

Gibeon 铁陨石最初被纳米比亚原住民发现，用来制造工具和武器。1838 年它由英国军人带回伦敦，并被确认为铁陨石。Gibeon 铁陨石陨落在一个 275 千米×100 千米的区域内，曾被当作世界上分布范围最广的陨石雨。人们在陨落区内找到了大大小小陨石个体几十块，最大的个体质量 870 千克，现收藏在南非的开普敦博物馆；另有三块 500 多千克的个体、两块 300 多千克的个体（图 7.4）和 5 块 200 多千克的个体，其余都是几千克到百余千克的个体。Gibeon 铁陨石的外形优美，熔壳和气印保存完好，深受藏家喜爱。每块 Gibeon 铁陨石个体都有编号，其发现地、质量、藏家收藏和市场流通都有详细记录，是陨石收藏界最经典的藏品。

图 7.4 纳米比亚 Gibeon 铁陨石个体

质量为 303 千克，是全球第六大个体

Gibeon 是细粒八面体铁陨石，化学类型为 IVA 型，化学成分为 Fe 91.8%、Ni 7.7%、Co 0.5%、P 0.04%、Ir 2.4 ppm[①]、Ga 1.97 ppm、Ge 0.111 ppm。Gibeon

----

① ppm 为百万分之一含量

铁陨石很稳定，不易生锈，切面酸腐后呈现精美的维氏台登花纹，常被用来制作首饰。世界某著名汽车制造商曾用 Gibeon 陨石材质点缀在一些限量版豪车上，也有手表制造商用 Gibeon 陨石材质定制了名表的表盘。早年间，大量 Gibeon 陨石被制作成首饰流通于市场，剩余 Gibeon 陨石的储量已接近枯竭，价格也随之上涨。

7.5　摩洛哥 Tissint 火星陨石

　　2011 年 7 月 18 日，在摩洛哥上空突现耀眼的火球，由黄色变为绿色，最终分裂为两半，有不少居民在山谷地区听到了两次爆炸声，目睹了奇观。2011 年 10 月，当地游牧民在 Tissint 村庄附近陆续发现了带有熔壳的陨石碎片（图 7.5），总共收集到 12 千克的样品。Tissint 是玄武质火星陨石（Shergottite），类似于地球上的火山玄武岩。Tissint 也是人类历史上收集到的第五次目击火星陨石，之前一次是 1962 年陨落在尼日利亚的 Zagami 火星陨石。目前全世界共发现了 270 多块火星陨石，30 块是南极陨石，5 块是目击陨石，其他 80% 的火星陨石是在沙漠地区被找到的，其中最特殊的一块是 NWA 7034（又名"黑美人"）。

图 7.5　摩洛哥 Tissint 火星陨石

　　由于近年来在沙漠地区找到的火星陨石越来越多，市场上的价格也逐年下降，火星陨石高峰期的价格超过了每克 1000 美元，而现在的价格已降到每克几十美元。

藏品题名：首脑（北京猿人）国际命名：鱼尾梁 陨石类型：L4-6 球粒陨石
发现地：中国新疆若羌；规格：32 厘米 ×23 厘米 ×13 厘米；质量：18.5 千克；
收藏人：乌鲁木齐市 陈鹏力

藏品题名：一颗心 国际命名：库木塔格 061
陨石类型：Brachinite 原始无球粒陨石 发现地：中国新疆哈密；
规格：17 厘米 ×12 厘米 ×9 厘米；质量：2.505 千克；收藏人：乌鲁木齐市 陈鹏力 王梓鉴

藏品题名：天之骄子 国际命名：土牙 陨石类型：L5 型球粒陨石 发现地：中国新疆

规格：95 毫米 ×73 毫米 ×68 毫米；质量：766 克；收藏人：贵州陨石文化科普馆 杨可欣

藏品题名：天斧 国际命名：土牙 陨石类型：L5 型球粒陨石 发现地：中国新疆

规格：70 毫米 ×70 毫米 ×53 毫米；质量：377.7 克；收藏人：贵州陨石文化科普馆 杨可欣

第8章 沙 漠 猎 陨

哪里能找到陨石？这是陨石爱好者最关心的问题。陨石陨落地球是个随机过程，但是地球表面70%是海洋，还有许多山区荒漠、河流和湖泊及森林植被茂盛地区，这些地区都不利于人们寻找陨石。而地球的南极地区，由于存在冰川运动，陨石会被运送到山坳前富集起来；沙漠地区则气候干燥、植被稀少，有利于陨石保存，也容易被发现。南极冰盖和热带干旱–半干旱沙漠地区是目前地球上发现陨石最多的地区，南极地区发现的陨石总量超过了40 000块，而沙漠地区找到的陨石也有10 000多块。南极地区气候环境恶劣、交通不便，猎陨活动主要由各国政府资助的科考队承担，其中又以中、美、日三国为主。非洲的撒哈拉地区、澳大利亚西南荒漠地区和美国的新墨西哥州则是民间猎陨者的主战场，沙漠陨石中不乏珍稀品种，包括月球陨石和火星陨石，85的月球陨石和80%的火星陨石都是在沙漠地区被找到的。近年来，我国新疆、青海、内蒙古等地的沙漠戈壁滩逐渐引起陨石猎人的关注，越来越多的陨石爱好者在这些地区孜孜不倦地寻找"天外来客"，收获颇丰。本章特别邀请国内两位资深陨石猎人执笔，详细介绍沙漠猎陨的经历和经验，如果读者有兴趣参与猎陨活动，这些都是必修课，须先认真研读。

8.1 沙漠猎陨须知[①]

在野外猎陨是十分富有挑战的一件事，在开始猎陨之前，你需要学习安全生存的技能。猎陨和探险一样，需要你深入一些未知的地方。所以出发前要对去的区域先做了解，诸如地理位置、天气、气象资料、海拔、车辆、人员、装备、补给、救援等，都要你考虑周全，这样才能将野外风险降至最低。

如果你正在准备前往新疆戈壁荒漠地区猎陨，请记住以下忠告，这些是我们多年总结的经验，甚至是"星友"们用生命代价换来的教训。

（1）信息。必须要有确切的陨石信息才去寻找，如这里曾经目击有火流星现象，或者是陨石的富集区，或者有其他"星友"捡到了陨石。十次猎陨九次空，猎到陨石的难度不亚于大海捞针。

（2）时间。新疆戈壁荒漠最佳猎陨探险的月份是5月、9月、10月、11月，

---

① 本节作者为陈鹏力。

黄金季节时最热不超过 40℃，最冷不低于–15℃。2～4 月，天气多变，春寒料峭，大风不止，野外忽冷忽热，不适合猎陨。6～8 月，最忌讳去戈壁沙漠猎陨探险，此时戈壁荒漠气温可达 40～75℃。 12～2 月野外气温低至–25℃，这里还是指很少下雨雪的库木塔格和塔克拉玛干地区，而北疆更冷，没有地方可以安全猎陨。

（3）装备。汽车维修工具、车载打气泵、变频器、对讲机、望远镜等都要装备齐全。尤其要熟练掌握手持卫星导航定位系统和相关的手机地图软件。

（4）组队。车队不宜过大，车队如果太大，车型种类和性能将会出现差别，驾驶员技术和野外驾驶经验的差别容易将车队拉开太长距离，导致意外事故发生。要尽量选择车况和车辆性能相近的车辆，车队成员尽量选择有经验和相互熟悉的人员，这样容易做到行动统一，也容易沟通。

（5）给养。食物和水都要准备充分，根据人员数量和往返天数计算用量，至少还要多备 2 天以上的给养。同样，车辆也要备足油料。

（6）住宿。扎营时尽量选择山坡或背风处，不要在地势较低的河流旁边扎营。如果必须在较低处扎营，也要尽量远离河道，搭好的帐篷一定要固定好，可以用土将帐篷四面埋上。要随时关注天气变化。

（7）出行。不要单独行动，如果真要单独外出，也要将自己的去向告诉 2～3 名队友。如果你没有野外分辨方向的能力，那么请放弃独自外出的想法，老老实实和大家一起行动。

（8）迷路。在野外行走时，很容易迷路。这时要保持沉着、冷静，尽量找到一处高地去查看附近情况，并发出求救信号。插上颜色鲜艳的旗帜，如果没有可以用色彩较艳的户外服装。切记一定要主动寻找救援，戈壁沙漠里的脚印在风的作用下会很快消失，不要指望有人沿着脚印来找你。

（9）卫生。野外有狐狸、狼、兔、鼠等野生动物，所有食物在夜间都要妥善保管，防止被野生动物啃食，从而导致疾病传染。要掌握野外消毒和杀菌的方法，尽量不要饮用野外水源的水，必须使用时要先消毒、杀菌。离开营地时将生活垃圾带走或深埋。

（10）驾车。驾车时一定要集中注意力，无论是坐在车上什么位置都一定要系好安全带。即使日程紧张、着急赶路，也不要疲劳驾驶，注意劳逸结合。遇到风沙时，要把车尾对着风，风沙中车辆根本无法前行，等风沙过后再出发。在干涸的河床和湖底穿行时，轮胎的气压最好降至 1.8bar 左右，过软容易扎胎，过硬则抓地力不足。

总之对大自然要保持敬畏。

新疆的无人区千百年来几乎无人涉足，那些戈壁和沙漠方圆几百千米没有人烟、没有水、没有树木小草、没有手机信号，生命好像远离这里，当你亲身进入这里，就能感受到死亡的气息，这气息告诉你，你已远离人类文明，置身于茫茫的无人区。

　　沙漠戈壁的主要威胁是恶劣的自然环境，在狂风和沙尘中赶路是大忌，哪怕是有卫星导航和手机地图的双重保障，也无法保证安全。除了恶劣的环境，更大的危险来自人的体能和意志力，在这里只要有一点粗心大意，就可能随时发生危险。

8.2　罗布泊猎陨[①]

　　陨石猎人，一般都选择在干燥的沙漠戈壁进行猎陨。罗布泊就是这样的无人区，千百年来鲜被人打扰，各个时期坠落的陨石应该有所保存，较前时期掉下来的陨石应该有三种可能，一种可能是一部分被沙堆埋没，一种可能是被风又重新吹出，还有一种可能就是裸露在地表，长期风化，最后被烈风吹烂。

　　选择在罗布泊寻找陨石，是因为 2012 年，"中国陨石网"事先了解了罗布泊陨石保存条件，综合分析了实际情况后，根据当地的恶劣环境，开展了一次以"拯救罗布泊的陨石"为主题的猎陨行动。

　　于是，我才代表"中国陨石网"，在罗布泊野人俱乐部武宗云等的协助下首次进入罗布泊猎陨。

① 本节作者为赵志强。

只有置身罗布泊，你才能深切地感受到自身的渺小和脆弱。茫茫大地、杳无人烟，见不到生命的痕迹，唯一能见到的是动物的枯骨和干涸的草木。对大部分人来说，恐怕一辈子都无法经历罗布泊。罗布泊那极端恶劣的环境，令人生畏；但罗布泊曾经的辉煌历史，又令人向往。

1. 神秘罗布泊——生命的禁区

就是这个世人皆知的死亡之海，把无数企图驾驭它的鲜活生命毫不留情地变成了一具具木乃伊。罗布泊令人望而生畏，畏而却步！

在罗布泊荒漠，大风一起则天昏地暗，日月无光更令人胆寒。它虽然广袤辽阔却布满陷阱，我们进入其中，举目苍茫一片，没有边际、没有生灵、没有生气，唯能感觉到的是我们的呼吸和脉动。罗布泊几乎无日不风。"无端昨夜西风急，尽卷波涛上山岗"。大风卷起大量的沙石，铺天盖地落下来，造成沙丘的移动和漂移。

罗布泊有着太多的神秘。其中，除了无数探险者的灾难之谜，还有楼兰美女、小河文化、海头古城之谜，更有不可思议、幻景奇妙的"海市蜃楼"，平添了许多神秘与令人诡异的感觉。

有趣的是，1964年中国第一颗原子弹在罗布泊试爆，在清场的前几天，侦察机意外在荒漠里发现一群200人的原国民党军马鸿奎余部。这些残匪如何维持了十数年生存？又让此地多了一份神奇。

1600年前，东晋高僧法显曾到过罗布泊荒漠。他是这样描绘罗布泊的：上无飞鸟，下无走兽，遍望极目，欲求度处，则莫知所拟，唯以死人枯骨为标识耳。他把罗布泊的险恶环境喻为恶鬼热风，遇则皆死，无一全者。到了近代，此地被探险家和考古学者称为死亡之域。这就是被争议和研究了整整一个多世纪还未完了的罗布泊的基本面目。

然而，猎陨人武宗云却在寻找陨石的过程中征服了罗布泊。

2. 狼出没，帐篷外的狼脚印

野骆驼十分珍贵，属于濒危动物，罗布泊的东南地区是中国最大的野骆驼自然保护区。

我们曾在龙城雅丹一睹了罗布泊野骆驼的风采。武宗云高兴地对我说，你很幸运啊，刚到罗布泊就见到了野骆驼和野黄羊。据他介绍，野骆驼平时靠近水源活动，只有当怀崽13个月临盆时，才进入到这不毛之地产仔，哺育小骆驼。野狼饿极了也会进来寻食的。

我们在帐篷周围时常能见到新鲜的狼脚印。有两次我离行营不远，独自出行，见到这些脚印后心里确实有些发怵，时不时地回头看，生怕野狼从背后蹿上来。回营后，武宗云告诉我，狼是怕人的，它围着帐篷转是想着咱们撤离后能留些残羹剩饭。

3. 苍天变脸　突现沙尘暴

第四天下午，按计划回返 4 千米扎营，当行出 2 千米时，隐天蔽日，寒风阵阵。

武宗云见天色不对，果断改变行程，命令大家加快脚步，天黑前务必返回大本营，此时我们距离大本营还有直线 9 千米的路程，按照地形测算足有 25 千米。

一个时辰后，风势加大。但见层层黄沙飞起，足有膝盖高，远处黄苍苍、雾茫茫的，能见度也开始下降，开始还能隐隐约约看到武宗云的旗帜，但一会儿就不见了！估计当时的能见度也就是几十米。记得当时我蒙着面罩，顶着强劲的风沙，艰难地行走。

我与皮卡车司机刘玉城都是第一次进罗布泊，和以往行走一样，当队尾班副。由于膝盖疼痛加剧，我不得不每走 200 米歇一下。成员的距离在拉大，武宗云沉着干练，不停地来回照顾和催促着首尾队员。见到我步履蹒跚，便从我背囊里掏出 5 瓶水，放进自己的背包。我顿感轻松了许多，对他说，你带大家先回吧，我有 GPS，我和刘玉城在一起，不会走丢的。

就这样，我们俩走走歇歇，歇歇走走，反正是戗风，向前走一步是一步吧。雅丹地带沙尘少还好些，遇到沙丘最头疼，沙土松软没过脚面，脚步发沉，拔腿时好似在医院里做牵引，膝盖疼得加剧。

我和刘玉城心情还好，一是第一次领略罗布泊的沙暴，有新鲜感；二是跟着武宗云，有安全感。

三个小时过去了，我们离大本营越来越近，心情轻松了不少。寒风依旧刺骨，沙尘小了许多，看来我们走出了沙尘圈，远处的高岗上，大本营，野人俱乐部的旗帜高高飘起。

我问武宗云，"如果今天赶不回大本营将会怎样？"

武宗云："如果风力达到 13 级以上，后果将不堪设想！我们赶回大本营就不怕了，可以躲进车里休息，否则，在伸手不见五指的风暴里会被冻死！赵哥你今天经历了这次风沙，感觉怎样？"

我："哈哈，我与刘玉城在沙暴中吃馕，在沙暴中赶路，很惬意啊！"

4. 黑洞里　哭泣的星星

与史前石器遭遇同样命运的还有那些来自宇宙的陨石，这些"星星"万万没有想到在这个"蓝色星球"里也有"黑洞"的存在。自打它们轰轰坠地，就注定了其短命之身：或葬身沙海，或被风撕碎，最后"尸骨"不存。罗布泊陨石的保存环境实在恶劣。漂移的沙丘，狂风的肆虐，即便有的侥幸"存活"，也是"孤儿"，你想找到它的"兄弟姐妹",难上加难。

在罗布泊荒漠,如果你想找到富集区和散落带,说明你没有到过罗布泊,这里只有无人区和死亡带。

目睹陨石的惨状,我当即代表"中国陨石网"与野人俱乐部的武宗云商议,于次日开始了"拯救罗布泊的陨石"搜寻行动。

第三天,老大武宗云亲自带领 4 名脚力最强的队员猎陨,大家以扇形队列展开搜寻了一天,来回跑了近 40 千米,虽然带回的黑石头不是陨石,但他们的热情参与,已让我感激不已。

罗布泊的黎明是早上八点半,天亮是九点。第四天黎明,我与"中国石器网"版主刘生,抱着试试看的想法,离开大本营,到 3 千米开外的雅丹和沙包交汇地带找寻陨石。我在一个雅丹褶皱上终于发现了第一块陨石,严格地说应该是 12 块。1 块大的,回来称重,质量为 244 克,其余 11 块是从它身上风化出去的,总共 30 多克。

非常有趣,我们发现的这个罗布泊陨石与哈密王建明发现的沙东陨石情景非常相似,旁边 1 米处躺着 1 只干瘪的小死鸟,看来这次要写"铁鸟与它的 11 个蛋"的故事了。果不其然,下午突起沙尘暴,我们奋力顶风撤回大本营,假如上午我错过了这只来自天外的"铁鸟",下午它的命运将与旁边的小死鸟一样,至少它那

11 个 "蛋" 将化为乌有。

　　我掏出手机拍摄时才发现没电了，原来是早上出来忘换电池。急忙呼唤不远处的刘生，并请他返回大本营，取一趟照相机、摄像机和 "中国陨石网" 的旗帜。大家不知，在罗布泊负重行走，逼着你轻装，在后几个回合的行程中，所带物品精选了再精选，照相机、摄像机等全部留在了大本营，甚至金属防风打火机、眼镜都不携带。好在这次是早期行程，幸好我们带了相机，也与大本营不是很远。

　　两个多小时后，刘生满头大汗地回来了，直线 3 千米，算起来他一个来回需要跑 15 千米的曲线路程。等他喘息落定，我让他当起了摄像师。

　　在陨石旁边，我们铺上了 "中国陨石网" 的红红旗帜，我对着摄像机，很庄严地宣布："中国陨石网" 全体'星友'们，罗布泊—楼兰的陨石发现了，在这里赵哥宣布，向国家科研机构捐赠陨石标本，并申报国际陨石命名！

　　在广袤空旷的罗布泊大地，只有我的声音和掌声，哗哗的，是风声化作了掌声。之后，这面 "中国陨石网" 的旗帜永久地留在了陨石坠落地，希望它能在罗布泊任意飞翔。

　　晚上，篝火旁，最让我感动的是，武宗云一声令下："支持赵哥申报命名，谁遇到了陨石交给赵哥。" 军令如山，大家都行动了起来。真是有心栽花花不开，无意插柳柳成荫，接下来十几天无论准陨石还是疑似的，多是大家在徒步行进的路上捡到的,凡是黑色的石头都统统汇集到了我这里。武宗云打趣地说:"这叫错抓一千,不放过一个!"

负重徒步,找寻艰难,加上人员间隔分散,除了我亲自找到的 4 种不同年代的 18 块陨石留有现场 GPS 图片外,其余几种都没能留下申报依据。武宗云之所以对我如此厚爱和信任,源自三年的考验。

又经过了 20 多天的"生死与共",感情更加深厚。走出罗布泊,回到鄯善后,我在武宗云家里小住了两天。在参观完他收藏的石器后,武宗云对我说:"我们不懂陨石,也不玩奇石,像这些陨石以前我们经常遇到,都认为是铁矿、铁块,从地上捡起看看就随手丢了。现在你赵哥一说我们懂得了,知道了,以后会格外注意的!"

在罗布泊这个险象环生的死亡之海,与野人俱乐部的朋友们相识相处,好比患难之交。每位成员都深深地打动着我,他们热情好客,待人友善。临行前,武宗云和刘生兄弟拿出了自己以前捡回的黑石头,把其中我确认后的陨石全都赠予我,武宗云的妻子刘福英还找人扛来一箱自己家果园产的葡萄干让我带回保定,我不胜感激地紧紧握着他的手,说:"20 天来吃你们的,住你们的,活动的全部费用都是你们承担的,临走还要接受赠予,不能这样,赵哥我实在过意不去!"

武宗云回答说:"敢与我们一起进入罗布泊,就是缘分。除了我捡拾的罗布泊石器,我把它们献给人类和社会外,其他的都是身外之物,你赵哥为中国石器科普的精神有目共睹,你的口碑和品德,这个朋友我交定了。良友难求,知道你深爱陨石,权当友谊。我们进罗布泊的机会还很多,你则不然!"

几句话,让我彻夜难眠,这就是武宗云的豪爽性情,仅凭他用行动保护和挽救罗布泊史前文化,为人类做奉献这一点,就是我学习的榜样。

武宗云的身影是高大的,其中包括他的情操和境界。

我为结识武宗云而骄傲,为能与野人俱乐部罗布泊同行而自豪!

出了罗布泊我也没顾上返回保定,就直接去了中科院紫金山天文台。

在南京,我向专家学者介绍了此次罗布泊陨石的考察情况,并请求检测和申报国际命名,力争早日取得罗布泊、楼兰及库鲁克塔格山的国际陨石命名,让罗布泊陨石融入世界陨石"家谱",声名远扬,最后经专家检测有 13 块石头被确认为陨石。之后,我代表武宗云、刘福英、刘生等人向中科院紫金山天文台捐赠了20%的陨石标本,剩下的又分成了 66 份,赠给了陨石爱好者们。

同时,我与武宗云达成默契,"中国陨石网"与罗布泊野人俱乐部合作,委托野人俱乐部肩负起"中国陨石网"驻罗布泊开展拯救陨石工作的重任,尽可能挽救更多的"星星",让处于危险环境中的罗布泊陨石,脱离险境!

几个月后,经来自美国、日本和欧洲国家的十多位陨石专家的严格评审和多次表决,总部设在美国的国际陨石学会最终正式批准将罗布泊、楼兰、小河墓地、兴地列为陨石富集区。从此，罗布泊陨石融入了世界陨石"家谱"，填补了罗布泊地区陨石在国际陨石数据库的空白。

　　罗布泊陨石的发现和捐赠后，民间出现了向科研机构捐赠陨石的热潮，之后，有十几位"星友"发现并捐赠了陨石标本，经"中国陨石网"推荐，在中科院紫金山天文台协助下成功地申报了陨石的国际命名，永载史册。

　　5. 武宗云和我的罗布泊猎陨经验谈

　　（1）团队互助精神很重要，野人俱乐部要求成员相互辨识脚印。

　　（2）如有迷路，迷路者留在原地不要动，迷路者或救援者在高地点火。

　　（3）救援者每走直线 500 米，弧形搜寻一次。

　　（4）最好穿防风、透气性好的冲锋衣，鞋子为高帮沙地鞋，需要轻型结实。

　　（5）罗布泊为多风沙地区，非摄影专业要考虑用镜头无机械伸缩的卡片机。

　　（6）登山杖、金属打火机（带火柴）、手机等都是徒步罗布泊的累赘，建议放弃。

　　（7）如果哪位徒步罗布泊猎陨带着金属探测器，那就会是笑谈了，结果是在陨石、探测器、食物和水中选择一样丢弃。

　　（8）我带的是超轻型 LED 手电筒式、能伸缩的高磁力抓吸器。

藏品题名：肯尼亚之王
陨石类型：橄榄陨铁
发现地：肯尼亚
规格：42 厘米 ×49 厘米 ×7 厘米
质量：47.6 千克
收藏人：山东济南 黄传舰

藏品题名：平安无事（左）
　　　　　一路平安（右）
陨石类型：橄榄陨铁
发现地：肯尼亚
收藏人：山东济南　黄传舰

藏品题名：塔扎铁陨石 国际命名：NWA 859（Taza）
陨石类型：富镍铁陨石（未分类） 发现地：摩洛哥
规格：21 厘米 ×6 厘米 ×10 厘米；质量：3200 克
收藏人：台州市 马云虎

藏品题名：阿林目击铁陨石
国际命名：Sikhote-Alin
陨落地：俄罗斯
坠落时间：1947 年 2 月 12 日
规格：12.5 厘米 ×8.4 厘米 ×6.2 厘米
质量：1600 克
收藏人：台州市 马云虎

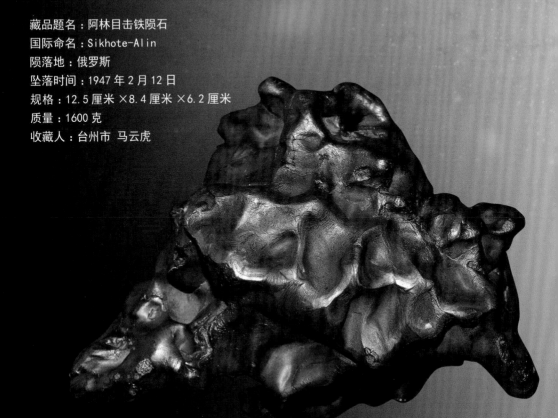

第 9 章　陨石的市场价格[①]

一般来说，陨石价格是以其稀有程度来决定的。

文章展开之前，先强调"一般来说"，这四个字相当于一个防护罩，用来排除特殊事例的干扰。本章的所有内容，都是"一般来说"的普遍规律。此外还有一点需要说明，本章是以零售市场的买家立场为出发点，大批量陨石交易的定价机制不在此列。

9.1　影响陨石价格的各种因素

1. 陨石类别

陨石的所属类别是决定陨石价格的基础因素，也是陨石价值的体现，是每块陨石固有的内在因素。

陨石的类别决定价值和价格，这是陨石价格的基础和出发点，之后才是题材。陨石的类别相当于打麻将的平胡，题材相当于算番。有吃有碰的平胡是起步价，自摸胡如何算番，九莲宝灯如何算番，这种计价方式想必大家并不陌生。陨石的价格也是这种规律。

陨石，是一个类别繁多的收藏门类。截至 2011 年，获得官方正式命名的陨石数量已经达到 41 687 块，其中出现在流通市场上的陨石超过 1000 块。陨石分为石陨石、铁陨石、石铁陨石，这是三个大类，每个大类下面划分数个子类别，每个子类下面又划分数个孙类别，某些孙类别下面甚至还有更细的类别。粗略估算一下，细分类别不少于 50 种。

南丹陨石的起步价是每克 1 元，月球陨石的起步价是每克 500 美元，为什么？因为类别不同，所以起步价不同。出手之前要先搞清楚谁是"天鹅"谁是"乌鸦"，谁是"麻袋"谁是"婚纱"，谁是奥巴马谁是阿依吐拉。

把每一个细分类别的基础价格作详细解读，这个事情只能由每一位陨石收藏爱好者自己来做。想要每个细分类别都搞懂搞透，需要花费大量的时间精力，痴迷者不妨试着做做看。对于刚刚入门的收藏者来说，没必要搞到那么精细。想买哪一块陨石，只花一点时间专门查找一下对应的信息就足以应付了。

[①] 本章作者为曹宇，网名赣南断层，写于 2012 年 1 月 3 日。

这个信息去哪里找？可以参考 eBay，在 eBay 主页上方的搜索框里输入陨石的英文注册名称就能很容易找到同名陨石的销售信息。阿根廷的 Campo del Cielo 在国外多少钱一克？俄罗斯的 Seymchan 在国外多少钱一克？一搜即知。用真陨石的价格买了一块假陨石，用真陨石公允价格的 3 倍价格买了一块真陨石，都是损失，哪个更多？小手一抖，就能远离奸商，何乐而不为？

而且我在文章最后的附录里还会给你四个网址，自己去看。四个网站里几十个细分类别都有了，常见的陨石也就几百元。唯一要注意的一点，那些陨石的价格都是已经进行了合理的"算番"、加过价的，可不是基础的起步价。四个网站当然不够全面，但是肯定会加深你的理解。

信息时代，陨石交易之前不去 eBay 或 Bing 去查找一下市场信息，就输在起跑线上了。

好了，打麻将的起步平胡只有一种，但陨石的基础价格却有几十甚至上百种，怎么找参照信息我也给出建议了。下面的内容才是本章的重点，告诉你如何"算番"。

2. 寻获方式

目击陨石与发现陨石，价格差异非常明显，一般来说，是翻倍或减半的关系，这一项非常重要，但很好理解，也很好区分，不用过多解释。只有一点需要注意，南丹陨石不属于目击陨石，是发现陨石，而且是常见的 IAB-MG 铁陨石。

3. 注册命名

陨石的注册命名是由国际陨石学会负责的。陨石的命名相当于公民的身份认证。一块陨石，无论它的特征多么典型，即使是目击陨石，在获得命名之前都属于未注册陨石。当一块未注册陨石获得官方注册、命名之后，市场价格会随之上升，价格的升幅约为 10%～50%。越是典型的陨石，越是目击陨石，这个由注册命名而造成的升值幅度越小，甚至不升值。因为这种情况获得命名"百发百中"，驳回申请的风险非常小，尚未注册的时候，价格就已经被商家提到上限了。

4. 风化程度

风化程度对价格的影响力是非常巨大的，出类拔萃的新鲜陨石获得高溢价是理所当然的。收藏者需要注意的一点是陨石的保存现状。举一个大家身边的例子——郓城陨石，官方数据为风化程度为 W0 的目击坠落。但国内市场上很多郓城陨石并非第一时间被回收，在潮湿的土壤中埋藏了很久才被寻获，有些实际风化程度已经到了 W2 了。风化程度 W0 的郓城陨石在国际市场的售价为每克 5～10 美元，而风化严重的郓城陨石在国外市场几乎难觅踪影，因为郓城陨石是目击陨石，玩的就是新鲜程度，锈蚀严重的鄄城陨石难以找到买家，已经淡出了成熟的流通市场。这种同名陨石的风化程度高低并存的现象在陨石收藏中是十分常见的现象，数据归数据，现实归现实，需要具体问题具体对待。

另外一个容易误解的问题是沙漠陨石。沙漠的干燥环境有利于延缓陨石的天然风化，但延缓风化并不意味着保存状态一定良好。事实上，多数沙漠陨石的风化程度是比较高的。而且同等风化程度的陨石之中，沙漠陨石的落地时间通常更长，达到几百年甚至几千年，无论是科研价值还是收藏价值，沙漠陨石比起其他地域的发现陨石都要大打折扣，与目击陨石的差距更是悬殊。价值的差距体现在市场价格上，也是非常显而易见的。泛泛而言，同样的东西，发现陨石与目击陨石的差距是减半，如果发现地是沙漠，通常再减一半！而且（好像每次我说而且的时候，后面总是跟着最关键的要点），目击陨石的价格是持续上涨的，沙漠陨石的价格是持续下落的，从你付款的那一刻起，就开始了此消彼长，强者恒强，弱者恒弱。花四分之一的价钱买一块同样重量的沙漠陨石，还是花同样的价钱买四分之一重量的目击陨石？如果你买陨石是为了收藏、为了增值，应该尽可能回避沙漠陨石。

5. 稳定性

绝大多数陨石的母体，形成于高度还原的宇宙环境。作为收藏品的陨石，在相对高温、富氧、多水的地球环境，无论保存方式如何先进，矿物的氧化是必然的，只是快慢有别而已。

稳定性是陨石固有的性质，也是衡量陨石价格的重要因素。影响稳定性的因素很多，单质金属的含量、微量元素的比例、母体的成岩环境、遭受撞击的程度、矿物结晶方式、降落地或埋藏地的次生污染……众多因素综合作用，恕不逐一解读。下面列举几个常见的事例。

铁镍金属含量，几乎是最重要的因素。金属含量偏低的陨石，通常是相对稳定的，比如大多数无球粒陨石，铁镍金属的含量微少，非常易于保管，只要方法得当，买家在有生之年很难用肉眼看出品相的退化。

不同用途的不锈钢需要添加不同比例的微量元素，添加的方式非常灵活。而每种陨石的微量元素含量是也是不同的，而且是注定的，比如南丹陨石，很不巧，其中的氯元素含量偏高，只要有水汽，就容易出现"煮豆燃豆萁"的局面。

尤其值得一提的是橄榄陨铁。加工成切片的橄榄陨铁，金属的框架与橄榄石晶体混合的结构非常脆弱，而且金属与橄榄石都会各自氧化，橄榄石会变黑变污浊，金属会锈蚀甚至崩落橄榄石，严重的会令整张切片分崩离析。在汽车品牌之中，德国的 BBA 是高端品牌，而橄榄陨铁的 BBA（brenham、brahin、admire）却是出名的不稳定、易锈、易碎的低端货。BBA 切片的零售单价通常只有每克 2

美元左右，是在欧美成熟市场优胜劣汰多年后的公允价格。

6. 市场流通总量

有一种流行的观点认为某种陨石的寻获总量越大单价就越便宜、寻获总量越小就越贵，某些情况下，这是正确的，但不具有普遍性。所以我在这里使用了市场流通总量的概念。

比较有代表性的例子是美国的 Willamette 陨石，发现总质量 15.5 吨，保存于美国自然历史博物馆，尽管总质量巨大，但市场上的流通总量不足 50 千克，所以单价高昂。另一个相反的例子是吉林陨石，绝大多数吉林陨石都被博物馆和研究机构收藏了，但仍然有一部分散落流转于民间，市场流通总量很大，超过 200 千克，所以吉林陨石在国际市场售价为每克 5～10 美元，可以说非常便宜。

所以，市场流通总量这个概念，是指绝对值，无论相对比例多么低，一种陨石只要它流通在市场上的绝对质量达到一定水平，价格就不会太高。而即使寻获量巨大，只要流通总量的绝对值偏低，就势必会造成价格的抬升。

而且这个市场流通总量不仅仅限于摆在市面上、标价出售的物件，床底下藏着的、陨落区的土里埋着的都要算上，因为这部分没有公开的物件随时有可能进场交易，只有被博物馆和研究机构永久收藏的部分才被认为真正地退出了流通。也举一个例子，阿根廷的 Campo del Cielo 铁陨石，在陨落区域的土层之中大量埋藏，货源如滔滔江水连绵不绝，初级收购价仅比生铁略贵，当然了，这是当地的拿货价。国际市场的零售价才是大家关心的焦点，也就是 100 美元/千克，看清楚，每千克 100 美元，eBay 上就有，坐在家里敲敲电脑键盘就能订货，根本不用担心原住民用毒箭射你的坐骑。

上面是以某种特定的陨石自己和自己对比，是狭义的市场流通总量。还有一个概念是广义的市场流通总量，需要考虑某一个类别的陨石，比如 H4、H5 的石陨石，在全球市场范围内，是流通总量最大的两类石陨石。全世界已经注册的 H4 与 H5 陨石已经合计超过 10 000 块，虽然其中不乏珍稀的特殊品种，但绝大多数 H4 和 H5 的陨石大同小异，相同类别的陨石之间常常具有替代性，随便拿出一片 H4 陨石的切片，让你当场准确地说出具体的陨石名称，是个不可能完成的任务。市场上流通的 NWA 未命名陨石中，绝大多数都是 H4 或者 H5，因为太普通了，而且没有故事可讲，就算苦尽甘来获得了陨石命名，也多卖不了几两银子，索性不申请命名，搓堆批发加快资金周转。

由此可见，在市场流通总量的概念之下，跨品种的可替代性是一个非常重要的因素。

7. 分割质量

多数的收藏者把陨石当作特殊的矿物标本，利用有限的资金收集尽可能多类别和种类的陨石样本。这就催生了陨石切割这一形式。很明显，一块 10 千克的完整陨石原石会占用较多的资金，如果是 10 克的切片或者天然小碎块，即使单价较高，但总价也要低廉得多，容易接受，小型的切片和碎块也容易保存保管。"外面看着，虽是轰轰烈烈，不知大有大的难处"，想必王熙凤同学也是对此深有体会。

还是继续用 10 千克陨石原石的例子，如果进行分割，也有多种形式，常见的有不规则碎块（fragment）、半切（halfcut）、块切（block）、尾切（end cut）、全切片（full slice）和局部切片（part slice），单价基本上按照这个顺序由低到高，加价幅度大约在 10%～50%。

这一项也有例外，Tatahouine 陨石，由于这种陨石本身结构非常松散、脆弱，在目击坠落现场收集到的几乎都是 20 克以下的细小碎块，这种陨石超过 20 克的大块藏品很少在市场上出现，越是大块，单价越贵。这是一个孤例，其他陨石没有这个特性。

8. 加工程度

这一项可以看作上一项的延续，但也受很多独立因素影响。陨石加工需要成本，设备成本、工时成本、经验成本、损耗成本。损耗成本体现在加工附加值中的所占比例最大，从原石到抛光切片的加工工序中陨石的损耗一般在 20% 前后，有些情况会达到 50%，例如原石本身就很小，做成切片，一半变成粉末了。

过度加工也经常是掩饰陨石固有缺陷的手段。例如橄榄陨铁，高品相的切片厚度都会控制在 2.5～3 毫米，展示橄榄石通透程度和通透比例的同时，展示橄榄石特有的饱满而浓郁的色彩。一旦橄榄陨铁切片的厚度低于 2.5 毫米，那就有埋伏了。不到 2.5 毫米厚度，是因为原石的橄榄石氧化造成透光不良，需要用降低厚度来掩饰。那些低于 2.5 毫米的切片，橄榄石迎光的通透程度看似合理，但色泽淡薄，而背光时颜色会变得格外暗淡而污浊。这就意味着支付了额外的加工费用却买到了低品相的残次品。

加工成本带来的加价幅度上限一般来说不会超过 100%，如果超过了，说明成本控制不当或过度加工。适当的加工能展示甚至增强陨石的自然美感，过度的加工则是为了片面追求附加价值而加工。把陨石加工成几何形体、深度打磨抛光、加工成饰品，都属于淡化陨石的自然属性而趋向于手工艺品范畴，额外的加工费用可能远远超出陨石本身的价值。

用 ETA 廉价机芯组装的杂牌手表，或者来历不明的知名品牌私自改装的 n 手脱保旧货手表，加个陨石表盘，这些在市面上多得是，越抹越黑。

过度加工有它的市场环境和需求，但孰轻孰重，不可不知。

9. 外观特征

熔壳（fusion crust）、定向（oriented）、天然孔洞（hole）、撞击坑穴（crater）和气印（regmaglypt）等，都属于这一项，可以通过肉眼观察并直接定性。

熔壳，是鉴识、赏析陨石的重要指标之一。熔壳的有无、熔壳的风化程度、熔壳覆盖率，这些指标会都对陨石价格产生一定程度的影响。反映在价格上，非常优秀的熔壳状态带来的加价幅度也只可能达到50%，更高就比较困难了。

定向陨石的外观特征有很多表现形式，例如熔唇、熔流线、局部熔融、流线型整体外观等，很多很多。需要格外留意的是，定向陨石是一个宽泛的概念，既有高度定向，也有中度和轻微定向，而且划分标准在共识的基本原则下也会因人而异。高度定向陨石的加价幅度有可能超过500%，中度定向陨石一般是加价100%，而轻微定向陨石经常是不需要加价的。购买定向陨石的前期功课必须做足，明白每个级别的划分依据，多角度审视、详细询问。尤其不要轻信商家的一面之词。定向与否、定向程度高低是一个需要达成共识的指标，今天按高度定向买进来，明天按高度定向能卖得出去，才有可能保值、升值。

天然孔洞陨石几乎都是铁陨石，比较少见，加价幅度在100%～500%，视孔洞大小和数量而定。需要注意的是孔洞必须天然。有些铁陨石的切片在切割时会因为气印凹陷的影响而出现孔洞，这种情况纯粹属于人为，非天然。橄榄陨铁的橄榄石脱落也有可能形成孔洞，也不能算作天然孔洞。铁陨石落地之后的锈蚀、陨硫铁或硅酸盐包裹体脱落，也会形成孔洞，那是落地后的风化成因，也不能算享有溢价的天然孔洞。而尤其需要防范的是除锈工序时人为制造的孔洞。天然孔洞通常会对应着一些合理的特征，比如孔洞周围非常纤薄、正反两面都对应着高温高压的气洞构造、孔洞周围出现明显的熔流线、孔洞边缘翻卷。总之，深度除锈的陨石不谈孔洞，没有相应气洞构造的细节来佐证的陨石不谈孔洞。选取一个比较薄的部位人为钻孔，然后利用化学除锈和电镀工艺的做旧效果进行掩饰，近些年来，这样的人为孔洞陨石已经开始成批流入市场，无论是制造还是销售，都属于欺诈行为。

撞击坑穴既可以出现在铁陨石表面，也可以偶尔出现在石陨石表面，属于罕见的外观特征。坠落过程中形成的撞击坑穴，坑沿应该具备突起而翻卷的边缘，而落地后锈蚀造成的小坑和凹陷，坑沿是平坦的。市场上可以见到的撞击坑穴陨石几乎都出自Sikhote-Alin，加价幅度由撞击坑穴的绝对大小和相对大小两个因素综合决定，加价幅度一般在50%～200%。

气印出众是一个非常模糊的概念，多数商家不会因此加价。如果遇到加价，是否认同需要收藏者自己进行判断和决定。一个值得留心的知识点，99%的 Campo del Cielo 铁陨石（国内俗称坎普或者阿根廷陨铁、CDC）是没有气印的，那些生硬而零散的所谓气印，其实是深度除锈之后显露的凹陷。绝大多数 Campo del Cielo 的气印，随同数厘米的表层部分，早已在潮湿的酸性土壤之中锈蚀殆尽了，就像剥了皮的柚子，如果厚厚的皮都已经没有了，柚子皮纹路又从谈起？

10. 灾害损伤

陨石坠落，无论从精神层面还是现实层面，都可以属于一类自然灾害，但事实上给人类社会造成直接损失的陨石坠落灾害非常有限。如果一块陨石在坠落时伤害了人类或家畜，或者损坏了某件人造物品，那么它就会因其稀有属性而受到青睐。

比较有代表性的灾害陨石是 Sylacauga 陨石、Peekskill 陨石。市场上常见的这类灾害陨石有十余种，全都属于常青树品种。由于灾害陨石具有目击陨石的特殊身份，两个因素叠加产生的加价幅度有可能超过 500%。

11. 流传有序

陨石的流传有序可以有两种形式，名家藏品与馆藏回流品。

名家是指那些在陨石收藏界能够载入史册的已故收藏家，在世者不属其列。真正能被市场公认的名家不多，一只手就能数得过来，零售市场上常见的名家藏品都几乎出自 H. Nininger/G. Huss Collection 和 Oscar Monnig Collection，加价幅度大约在 20%～50%。

馆藏回流品，这个概念本身无须解释，但事实上很多人对此持有误解。馆藏回流品是指陨石被博物馆或专门机构立档收藏之后，通过合法渠道重新流入市场的特定藏品，通常附有馆藏编号和馆藏附属文件。打个比方来说，一块名称为 X 的陨石，a 部分被博物馆收藏，b 部分一直流通于市场。只有 a 部分才可以称作馆藏品，b 部分则不能。而 b 部分不会因为 a 部分正在或曾经被馆藏而升值。馆藏回流品的加价幅度大约是 20%～50%，有时更多。

流传有序的陨石通常会有粘贴或者直接局部涂漆并手写的整理编号，但仅有手写编号是不够的，需要同时配备相应的身份文件才算完备、正规，而且身份文件需要与编号吻合，签发年代、编号、质量等信息都要全面吻合。没有合法和清晰来源证明的所谓馆藏回流品，就别买了，偷偷买了就偷偷藏着吧，那样的东西拿出来，会让人"侧目相视"。

12. 科研分水岭

某些陨石，标志一个科学研究的新领域、新阶段、新进展。例如 Krasnojarsk

陨石和 L'Aigle 陨石。

某些陨石，它自身的陨石注册名称被用于某一类别陨石的分类名称。例如 Bencubbin 陨石和 Ivuna 陨石。

这些陨石都因其不可替代的、特殊的科研地位而被市场认可，享有高度的附加价值。这种附加价值体现在加价幅度上，可以是 100%～200%，甚至更多。

13. 人文背景

陨石从收藏角度上讲，属于矿物标本，是来自太空的地外矿物标本，具有崇尚自然的属性。有极少数陨石附有人文背景。比如曾经被宗教组织长期供奉并赋予精神层面寄托的 Ensisheim 陨石。

作为孤例，甚至有一块陨石，发掘自印第安先人的墓葬之中，如果爱好者有兴趣可以查找相关资料，Winona 陨石。多说两句，它同时还是 Winonaite 群的分类名称来源。由于类别珍稀，起步价原本就高，流通总量又少，又有人文背景，又是科研分水岭。

"你说，这样的陨石一克得卖多少钱？"

"我觉得怎么着也得 300 美元吧。"

"300？那是成本！500 美元起，你别嫌贵，还不打折！"

具有人文背景的陨石非常罕见，而且认定非常困难，如果没有滴水不漏的文献记录和确凿证据，不可能被市场认可。

14. 出口限制

这个因素很好理解，有一些国家对源自本国的珍稀陨石实施出口限制，禁止出口或有条件限制出口，例如澳大利亚和加拿大。

身在中国的购买者必须搞清楚一件事，如果商家准备把这样的陨石卖给你，那么就说明这个物件已经在事实上摆脱了来源国的出口限制，无论渠道是合法的还是不合法的，对你来说已经解禁了，不受限了。而且，售价里已经包含了合法解禁所需的成本。这个成本经常占到零售价的 50%，反过来说，东西到你手里的时候已经翻倍了。

除非你对这些特定的陨石情有独钟，选择相同种类的替代品是一个不错的化解之道。

15. 货源垄断

货源垄断现象在陨石市场是非常普遍的现象，很多品种陨石的源头只有一个，要么是寻获陨石的那个人，要么是一级批发商，那么这种陨石进入市场的初始价格就是由源头的卖家决定的。

　　另一种垄断的可能性就是流通量稀少,零售市场上某种冷门陨石的销售仅此一家。带编号的 NWA 陨石经常会有这种现象,具体到某个特定种类,寻获总质量原本就少,只有一小块进入市场,尤其是只有一个商家在卖,那么商家会本着物以稀为贵的原则大幅提高售价。

　　其实这两种垄断都是局部垄断,是假象,因为购买者可以轻易将其化解。商家可以垄断某一品种的陨石,但不可能垄断某一大类别的陨石。举个例子,某一块 H4 的 NWA 陨石被垄断了,卖家对你说,这种陨石总质量才 100 克,很稀有,快来捡漏吧。你晕了吧,两眼放光,心律不齐。但其他 H4 的陨石数不胜数,绝大多数陨石都可以在市场中找到同等级别的替代品。

　　不可否认,有极少数种类的陨石具有无法被替代的特殊性,确实价比钻石,但绝大多数并非稀有。

16. 流通环节

　　流通环节是提升高陨石价格的重要因素,每一次交易都不可避免地加入倒手费用,这里面既有经手人的利润,也包括运输成本和各类税费。费用是可以估算出来的,而利润是没有上限的。一块陨石,有可能在某个国家或某个时期的售价高于同名陨石,这也是正常现象,也许是商家利用不对称的信息渠道赚取额外利润,也许是商家拿货失手之后的无奈转嫁,但最大的可能性是流通环节过多所致,如果把话说得再明白些,商家从其他零售商手里按照市价买来一块陨石,换上一个新的价签卖给你!

　　作为收藏者,在电子商务发达的信息社会,挖掘一种陨石的市场均价情报并不是一件艰难的工作。因为有很多参照物可以对比。同名陨石、同类陨石的情报比比皆是,只要你肯多花一点时间去查找。

17. 时间因素

　　时间因素体现在两个极端,“新茶”与“陈酿”。

　　一种陨石,尤其是目击陨石,在它进入市场的初期,经常会因为较高的关注度而享受较高的溢价,近几年来这一现象在国际市场上经常发生。这种借助大众新闻或业界新闻而引发的走红通常持续不会超过一年,尝鲜之后的结果通常有两种,商家的存货派发完毕致使跟风购入者隐性高位套牢,或者商家日后放水甩卖致使跟风购入者显性高位套牢,例如 Tamdakht 陨石。

　　正所谓“俺曾见金陵玉殿莺啼晓,秦淮水榭花开早,谁知道容易冰消!”

　　另一个极端是来自时间的积淀。有些陨石被人类认知、收藏的历史长达数百年之久。这些历史悠久的陨石藏品永远是市场的宠儿,越老越俏,常吃常新。例如 Pultusk 陨石和 L'Aigle 陨石。

18. 综合品相

陨石的综合品相是指赏心悦目的程度，受主观意识影响较大，审视尺度因人而异。但也有一些因素可以客观而且直观地加以判断。举个例子，一块橄榄石石铁陨石的切片，最吸引人的看点是其中的橄榄石，那么橄榄石的颗粒大小、通透程度和色泽、橄榄石在整个切片上所占总面积的比例等，这些都属于综合品相，而且是非常重要的品相指标。

与前面的诸多因素不同，综合品相既可以作为加价因素，也可以成为减价因素。但事实上，商家在决定标价的时候，基于综合品相的优劣而加价或减价的情况比较少见。同一个零售商所提供的同一批货色中，零售单价通常是相同的。这时就需要购买者对综合品相进行比较，既可以捷足先登挑选品相上乘的物件，也可以在只剩尾货的时候考虑退而求其次，接纳品相欠佳的物件并以此为理由要求较多的折扣，这种合理的打折诉求比较容易被商家接受。

所以，综合品相在实际交易中常常是作为减价因素而被购买者利用的。

19. 主观因素

我把这个因素放在最后一项，是因为这是一个很难把握的因素，没有规则，无迹可寻，却又无处不在。

主观因素最常见的表现方式就是漫天要价。同等的物件，有些商家凭空坐地开价翻几倍。这种现象不仅会出现在冷僻的陨石品种，大家熟知的陨石品种也有这个现象发生，例如 Gibeon 陨石和阜康陨石。

世上没有无缘无故的爱和恨，但世上有无缘无故的高价陨石。

如果你问我为什么，我只能说那是主观因素，也许商家不急于出货，也许商家在等待什么人的到来……

陨石交易不同于古玩行业，打假是理所应当的，而不是作为炫耀的资本。打假的同时，也别忘了摈弃那些古玩行业"吃新手、宰熟人"的惯例。对自己无用的就打击，对自己有用的就发扬，这种选择性的行规是不对的。披着打假斗士的外衣，用虚假数据、夸大宣传销售真陨石的人，才是陨石圈的真正败类，危害甚于假陨石。假陨石要打，没有诚信的无德商家更要打，用心打、着实打。

9.2 不合理的加价理由

1. 国别

陨石交易属于一个全球范围的交易，国别特征不足以成为溢价因素。因为陨石坠落和寻获具有随机性和偶然性，目前任何一个国家都无法召唤或回避陨石的坠落。但来自某些国家的陨石普遍价格确实昂贵，例如蒙古和日本。但那只是巧合的假象，肯定有某种可控的题材因素在起作用。比如这些国家的陨石多为目击，或者几乎都被机构收藏了，或者市场流通总量非常稀少……总之，在我之前列举的 19 个加价因素之中肯定会找到对应的理由。

　　此外，陨石收藏者经常会对出自本国的陨石青睐有加，但这恰恰也是奸商最乐于"埋雷下套"的领域。如果有卖家四处展示、甚至雇人推销所谓国产陨石，却迟迟不肯接受检测和申报命名，那就很可能是挂羊头卖狗肉的埋雷。便宜的 NWA 和便宜的国外目击，都有可能摇身一变成为国货。这个时候怎么办？遇到一向贼喊捉贼的埋雷奸商，赶紧躲远远的，出自奸商的陨石，会被同行质疑，自然是贬值的。遇到来历不明的、没有命名的国产陨石怎么办？无论卖家如何信誓旦旦，不买是上策，如果忍不住想捡漏，按照同等品相的 NWA 未命名陨石的价位去买！用廉价国产陨石冒充新发现的陨石，这样的事例在国内也发生多次了，把南丹打磨之后变个外观，千里迢迢搬到外地去埋雷，早已是陨石圈里茶余饭后的笑料了。

2. 知名度

　　从日常经验上讲，这似乎是一个理所当然的事，实际上却是错误的。因为陨石收藏的出发点是追求稀缺性，知名度高并不意味着稀缺。比较明显的例子是南丹陨石，几乎无人不知，但南丹由于自身的多种缺陷，始终是被成熟市场抛弃的品种，无论怎么加工和炒作，单价始终在低位徘徊。

3. 局部热点

　　局部热点，也可以称之为局部第一，比如说某某国家发现了该国的第一块碳质球粒陨石，这就属于局部热点。放到全球范围来看，可能是一桩波澜不惊的小事，碳质球粒陨石虽然不多，也不太少见。

4. 象形

　　陨石属于矿物标本，如果像玩奇石一样追求象形外观，很容易陷入舍本逐末的怪圈。象形也许能作为脱颖而出的理由，但不适合作为加价的理由，至少绝大多数收藏者不会为了一块陨石像兔子、像乌龟而多掏一分钱。而落地之后的锈蚀、人为除锈、人为切割打磨，都可以产生象形，片面的追求反而会让恶意的迎合有了可乘之机。

5. 尴尬的主体

国际零售市场上经常会看到一些千克级的 NWA 注册陨石的主体（main mass），每克 1 美元左右，价格很便宜，陨石可谓积压严重。这类陨石看似很诱人，其实很鸡肋。这种狭义而脆弱的品种垄断不碰最好。缺乏题材的陨石主体，很容易被市场冷落，造成边缘化。惹不起你，绕着你走。你想买断货源搞垄断，别人完全可以视而不见、置之不理。

9.3　结　　语

总之，陨石收藏是一个新兴的收藏门类，源自欧美，脱胎于矿标，内容丰富而繁杂，体现在价格上，拐弯抹角的门道不胜枚举。

对于一个入门困难而提高容易的收藏门类，只要掌握了最基础的普遍规律，自然而然就可以做到举一反三、水到渠成。

既然是对普遍规律的归纳与总结，本章尽可能回避了特定陨石的具体价格，也不使用配图，我相信这种纯理论的说明更有助于陨石收藏爱好者把握全局、理清思路。

无论市场价格趋势如何变动，定价规律与行业惯例是始终存在的、可知的。希望我的文字能够给陨石收藏爱好者带来一些启发与帮助。

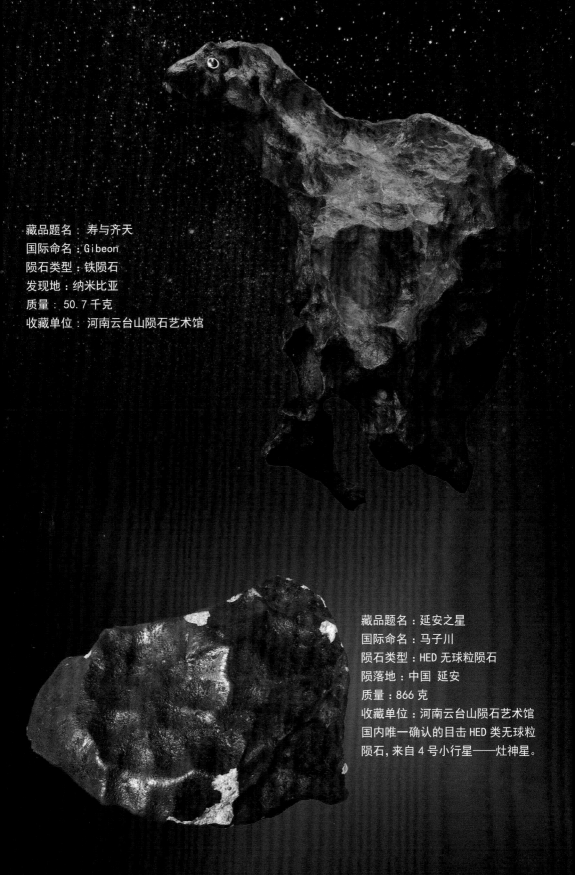

藏品题名：寿与齐天
国际命名：Gibeon
陨石类型：铁陨石
发现地：纳米比亚
质量：50.7 千克
收藏单位：河南云台山陨石艺术馆

藏品题名：延安之星
国际命名：马子川
陨石类型：HED 无球粒陨石
陨落地：中国 延安
质量：866 克
收藏单位：河南云台山陨石艺术馆
国内唯一确认的目击 HED 类无球粒
陨石，来自 4 号小行星——灶神星。

藏品题名：璀璨繁星
国际命名：Fukang
陨石类型：橄榄石铁陨石
发现地：中国 新疆 阜康
质量：10.65 千克
收藏人：梅华
世上最美橄榄陨铁，
国内最大阜康切片。

藏品题名：34.5088
国际命名：Canyon Diablo
陨石类型：铁陨石
发现地：美国 亚利桑那州
质量：7710 克
收藏人：梅华
美国收藏家 Harvey Nininger 旧藏，
流传有序，保留原始发票。

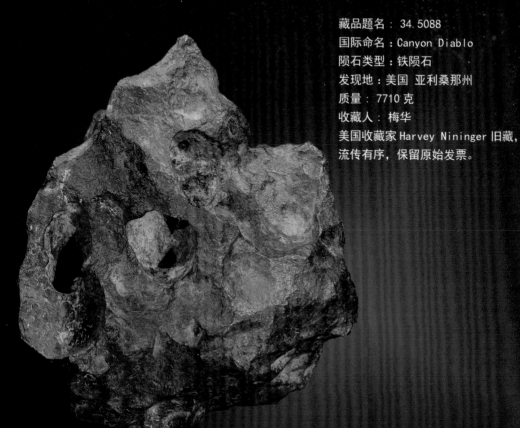

第10章　陨石收藏经验谈[①]

——当"天外贵客"遇上传统赏石文化

喜欢仰望星空，

更喜欢在黑夜中指点星空；

喜欢看那缥缈的银河，

更喜欢听那牛郎织女的故事……

陨石来自遥远的太空，每一块陨石都见证了太阳系的形成和演化，每一块陨石的背后都蕴藏着一个奇异的谜团。

进入 18 世纪，欧洲在自然科学领域突破了形而上学的禁锢，人们对天文学和天体物理学的研究开始深入，随之的陨石研究和收藏交流规模逐渐扩大。

1976 年 3 月 8 日的吉林陨石雨，是世界上最大规模的一场目击石陨石雨，中国科学界对吉林陨石雨持续研究，发表了大量相关的专业论文，由此中国科学界陨石研究的序幕拉开了。

2013 年，俄罗斯车里雅宾斯克目击石陨石事件在国内持续曝光，再次掀起了国内陨石民间收藏热潮，国内民间陨石收藏和交流市场迅速扩张。

10.1　陨石品种收藏

陨石是科学研究地外物质与太阳系的珍贵标本，除从月球取回的少量岩土外，陨石是我们获取的唯一一类地外实体物质。

国际上陨石收藏起步较早，阿波罗登月计划掀起了人类对太空探索的热情，多个博物馆、陨石实验室和大学都在研究陨石。1970 年前后，陨石的买卖在欧美国家与日本等地形成规模，每年在欧美与日本举行的重大矿物展览会以及伦敦嘉士德自然历史拍卖会上，都能看到陨石的身影，这些活动以收藏或者交流陨石标本为目的。同时，国际多款奢侈品品牌推出陨铁表盘限量手表，一些豪华车品牌相继推出陨石概念限量车，极大地推动了陨石高端市场的形成。受此影响，"星友"收藏陨石的热情在国内也被激活。

[①] 本章作者为梅华。

10.2　陨　石　饰　品

　　2013 年之后，随着不同品种的国外陨石在国内市场出现，国内嗅觉敏感的商家开始制作一些简单的陨石饰品，吸引了一批爱好科学的消费者。随着喜欢陨石饰品的人群规模扩大，出现了很多有想法、有个性的陨石饰品设计者，他们结合中国文化，设计制作了一批具有中国传统特色或极具个性特色的陨石饰品，吸引了更多追求个性的消费者。

　　品种繁多美轮美奂的陨石饰品，让更多人的目光聚焦到陨石上，国内陨石市场出现爆发式增长，国内陨石科普开始走入校园和社会，更加剧了陨石行业的竞争。

10.3　陨石艺术品

陨石朴素而伟大，沉默不语却比任何语言更能打动人心，给人们带来了宇宙的信息，它用敬畏与珍视演义着上古神话。

陨石自带神秘和崇拜属性，依照每块陨石形状的特殊性，陨石艺术品可以根据创作者、设计者或客户的需要个性化设计制作，其创新性强、艺术性强，具有独特的美学属性。

陨石艺术品制作精美，个性化强，有很高的艺术性。每一颗陨石都是独一无二的，工艺复杂、精工细作的陨石艺术品能给人们带来更高级的精神享受和美的追求。不过市场上适合用于雕刻的陨石品种和数量有限，所以陨石艺术品属于陨石的高端定制精品，弥足珍贵。

与古玩等艺术品不同，科学性是陨石的第一属性。虽然陨石的化学元素在地球上都有，但陨石中的矿物组成可能还处在星球几十亿年前的原始状态，地球上的地质活动持续了几十亿年，沧海桑田，地球矿物和陨石成分有天壤之别，人类科学还无法从地心取得作为星球核心的铁陨石一类的矿石样品，更让陨石显得弥足珍贵。陨石的鉴定完全有科学依据，陨石的辨识程度很高，无论是专场拍卖还是销售都能提供保真服务。

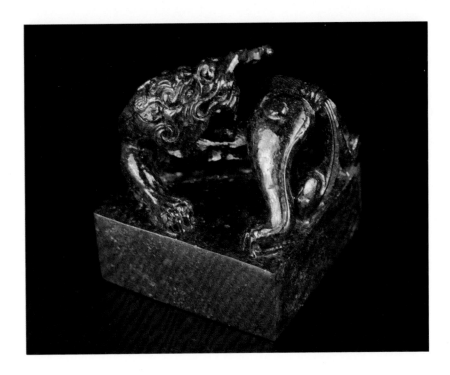

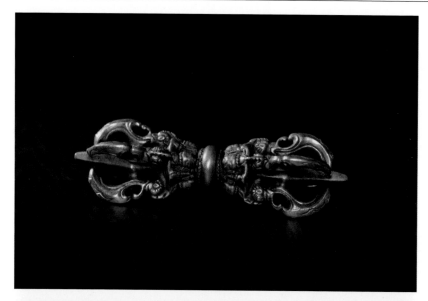

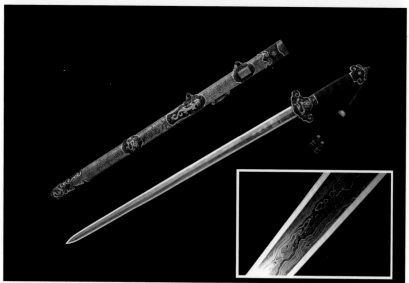

10.4　陨　石　赏　石

"天生烝民，有物有则"（诗经·烝民）。

　　中华传统赏石是一种哲学和美学的结合。陨石赏石强调意境和神韵，需要从以下 4 个方面予以考虑。

1. 皮壳

　　陨石在降落过程中与空气摩擦产生的熔壳、气印、熔流线、定向型等特征，是陨石与地球激烈碰撞产生的杰作，是人类工艺所不能制作出来的。

　　陨石降落后分布于不同的地理环境，受光照、风雨、流水、砂石和时间等各种条件的复合作用，形成了各具特色的皮壳。如 Taza 的定向特征、卡米尔的蜥蜴皮、罗布泊铁陨石的沙漠漆等。

九天之鲲

2. 外形（漏、透、皱）

　　自然赋予石外表的美，人类赋予石内在的美。

　　自然的伟力造就观赏石的形状奇特、巧夺天工、似物非物，透出奇特的自然美感。陨石赏石千姿百态，与陨石母体化学组分、物理性质、内部构造、进入地球角度等密不可分，这些因素完全没有任何规律可循。

　　陨石落在地表后，再加上受大自然外力作用，形成人们难以想象的形体。一块好的陨石赏石自然天成漏、透、皱的外形，这是由于特定的自然环境，包括自然因素的多样性和特殊性，从而形成了十分奇特的外形。

3. 象形

赏石以透、漏、皱、瘦为基础，妙在似与不似之间。

陨石本身具有神秘性，从独一无二的质地特征到形态各异的绝伦品相，具有赏玩和收藏价值，演绎出厚重的文化属性，开创了中国传统赏石文化新内涵。

陨石赏石讲究寓情于景、情景交融；寓意于物、以物比德，集哲学、美学、文学、史学、神学、地质学多种学科，需要很高的专业素养和艺术涵养。随着人们对陨石赏石文化的认知提升，发现更多的陨石赏石魅力，陨石赏石的中国化将是一种趋势。

龙举云兴

4. 意境

陨石本身具有神秘的色彩，陨石赏石是可以直观地体现传统文化深度和韵味的载体。某个自然图案或天然造型都可以演绎出厚重的文化属性，催生浓厚的人文情趣，更能体现赏石文化。

市场上很多人仅把陨石当作一种可以赚钱的商品、一种可以获得金钱的物品，却缺乏对陨石的欣赏与喜爱。由于这些人往往缺乏美学和艺术基本素养，片面地或者刻意地宣传陨石只是研究标本和装饰品，不具备观赏用途和价值，抵触甚至是攻击陨石赏石，缺少发现美的眼睛，也就无法发现和欣赏陨石具有的更高的内涵。也许随着生活阅历增加和美学鉴赏水平提升，又或者市场引导和选择，他们最终会认识到陨石赏石的中国化是一种趋势。我们要从中华传统文化的角度，一起赏陨石之美、观陨石之奇、品陨石之韵、惜陨石之珍。

争夺太空话语权是各国太空战略竞争的重要方面，太空战略已经成为关系国家安全的根本，今天中国的太空探索计划日臻成熟，火星探索、登月计划正在逐步实现，让更多的中国人把目光投向太空领域，让孩子的太空之旅从陨石科普开始，也将引领中国陨石收藏走向高峰。

陨石

宇宙的艺术

天地的杰作

非人力可为！

藏品题名：神狐
陨石类型：未命名未分类铁陨石
发现地：新疆罗布泊
规格：13 厘米 ×13 厘米 ×11 厘米
质量：4358.2 克
收藏人：神马（马荣尉）

藏品题名：吉人天相
国际命名：Henbury
陨石类型：IIIAB 铁陨石
发现地：澳大利亚
规格：38 厘米 ×19 厘米 ×11.5 厘米
质量：12031 克
收藏人：神马（马荣尉）

藏品题名：南丹铁陨石
质量：790 千克
收藏人：上海五云坊陨石工作室 张勃

藏品题名：西北非灶神星陨石
编号：NWA 13583
质量：78 千克
收藏人：上海五云坊陨石工作室 张勃

后　　记[①]

2018 年 11 月末的一天，一位国际陨石商人给我发来一组照片，玻璃质熔壳、定向熔流线、完整无磁性、将近 7 千克、单体发现。震撼！无球粒陨石，刚陨落没多久，这是我对这块石头即刻做出的判断。我在工作室几乎每天都要看来自世界各地同行们发来的石头，而过目不忘的就是我想要留下的。陨石二字看似简单，但它却涵盖了众多类型，要完全弄懂绝非易事，而我非常热衷于挖掘那些真正的特别的东西。初步了解情况后，等待石头取样，并准备检验确定类型。此后在等待的每一天里脑海中都会浮现这块陨石的画面，这是我的职业病。要知道，收藏小型陨石切片标本和拥有一大块完整的博物馆级陨石原石给人带来的成就感是截然不同的。一个月后，我在上海和他见面，我们是多年前在法国一次陨石交流会上认识的，他从非洲远道而来，把样品交到了我手中。

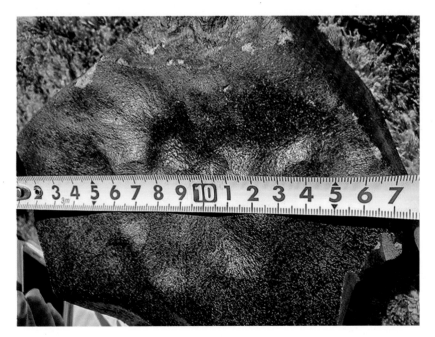

艾因·萨拉赫沙漠，一片阿尔及利亚的无人区，而这位从摩洛哥来的中间人告诉我，在这块陨石的发现地，他并非第一发现者，他凭借多年的经验无意间在

---

① 后记作者为张勃。

邻国马里的陨石集市上发现了这块石头。在我们这一行没有身份高低、贵贱之分，唯有眼力最受尊重。而这种围绕陨石为中心的贸易活动发生在 21 世纪初，世代游历在西北非撒哈拉沙漠地区的牧民无意间发现一片神秘陨石散落区，陨落年代成谜。后经摩洛哥商人之手，这些陨石流通至欧美，随后的这么多年来陨石竞购愈演愈烈。在此之前，一块普通球粒陨石都很难得一见。而得益于独特的地貌特征，横跨非洲西北部的撒哈拉沙漠成了陨石猎人的冒险王国，猎陨大幕悄然拉开。摩洛哥、毛里塔尼亚、马里、阿尔及利亚和利比亚等西北非国家的大批牧民摇身一变加入了陨石猎人的寻宝行列，在撒哈拉沙漠孜孜不倦，一找就是几十年。《大唐西域记》中玄奘大师如此描述八百里莫贺延碛（沙漠）："上无飞鸟，下无走兽，遍及望目，唯以死人枯骨为标识耳，沙河中多有恶鬼热风遇者则死，无一全者。"想象一下，陨石猎人就在如此天地间书写荣耀与危险，乐此不疲。正如 NASA 所说的，不要去那些有路的地方，要去还没有路的地方，留下你的足迹。

目测陨石是我多年来工作的常态，工作室隔三岔五都会接待来自五湖四海的"星友"，要求鉴定陨石，可实情是绝大多数都不是。通过目测关后能取样上机进行实验分析的基本上十有八九是陨石。我们工作室长久以来一直与中国科学院紫金山天文台天体化学实验室保持着良好的合作关系，多年来的工作积累也不乏惊喜，这次同样把这块特殊的样品交到徐伟彪老师课题组中验明正身。严谨的陨石实验分析并非一朝一夕，样品的初步实验分析是交易的基础，科学地确定陨石至关重要，而第一次实验分析的结果令我们大为惊喜。

进入整件事情的第二阶段，时隔有半年之久。其间一直与对方保持着良好的电话沟通，相互尊重的基础是秘而不宣，且给予我第一知情权。在我们这行神秘性很重要，多方征询只会把事情越弄越糟。当然，如果我不作明确回应，此陨石可能很快就会流向欧美市场。2019 年 5 月的一天，他托人把陨石带到在中国举办的一次矿展上，我第一次见到了实物。交易并没有立即启动，基于多年来的信任，他将陨石亲手递到我手中，之后独自返回非洲等待我的反馈。接下来我要做的就是启动二度实验分析，星夜兼程，我开车把陨石带到紫台，亲手从这块陨石上切割、取样，保证样品同体性，实验分析比较前后两次数据的一致性，结果圆满，这是一块二辉橄榄质火星陨石。截至目前，在国际陨石学会官方数据库中，火星陨石数量仅为 277 块。内部消息传开，喜悦之情溢于言表，实验室中大伙都相继来围观这块目前在中国境内的火星陨石。

陨石分三六九等，在中国，真正意义上的顶级陨石收藏，较欧美起步晚，也可以说刚刚开始。对于这类博物馆级的大质量火星、月球陨石而言，收藏的人更是寥寥无几。正因如此，陨石在中国的发展空间也变得无比巨大，而近十年来全球近乎三分之一的顶级陨石都流入了中国，这得益于中国快速发展的经济和国际地位的提高，未来我们更将拭目以待。感慨之余平静心情，出于对对方的尊重，也保证自身的信誉，我没有顾及时差给对方去了电话。交流内容很简单，出于诚意我为他买了机票，约定飞往上海的接机时间，把最后的交易流程走完，一起喝一杯咖啡，圆满画上句号，期待下一次合作。

此次恰逢徐老师新书出版之际，很荣幸受邀为新书挑选一块陨石作为封面，说实话我思考了很久，可选的不在少数。这块火星陨石从发现到提交命名的两年多时间里始终保持着神秘性，鲜为人知，我也从不与人谈及。因为这个量级的陨石是不可轻易示人的，而最终以这样的方式和大众见面，一来是向中国首个火星探测器"天问一号"致敬，二来以最平静的形式出现在业界或许就是它最好的发布方式。

此外，我邀请了两位央视记者周力、浦轩和另一位资深设计师王子瑶一起加入，组成四人工作组，完成本书的附面设计。主要的设计宗旨是将《天外来客——陨石（第二版）》一书与我国两个重大深空探测工程"天问一号"和"嫦娥五号"结合在一起。我们选择尝试封面、封底融为一体的开放性设计来展现地球、月球、火星三者之间的局部联系，并将刚刚获得国际陨石学会官方命名的两块重量级陨石（火星陨石"NWA 13581"和月球陨石"NWA 13582"）分别定为封面、封底的两大中心元素，并在其两侧搭配上火星和月球，用命名编号加以联系。为了体现陨石在太空环境和陨落地球后两个不同视角的变化，我们将整体背景分为深空与星空两大元素，选取蓝色为主色调代表了宇宙的无限神秘。深空部分用星云加以点缀，星空部分则用天文望远镜观测来表达，从而实现从小行星到火流星再到陨石的一个空间过渡状态。为了保证版面的整体和谐，我们将原本需要体现的地球元素转变概念，用空间探测器的镜像地球地平线加以浓缩，在火星、月球、地球、陨石和空间探测器之间用概念性线条相互连接，最后化作一颗火流星划过夜空，被人类视角所捕捉，以此来体现整个太阳系的无限交集和本书将揭开的陨石神秘面纱。

最后我想说，陨石是神秘的，寻找陨石是揭开神秘的必然过程。我很喜欢爱因斯坦说过的一句话："我们所能经历的最美好的事情是神秘，它是所有真正的艺术和科学的源泉"。我想，一个人，你穷尽一生能理解宇宙多少？那就是宇宙给你的全部。

上海五云坊陨石工作室　张勃